同济大学新农村发展研究院课题

上海同济城市规划设计研究院教学资助项目

黄 岩 实 践

——美丽乡村规划建设探索

杨贵庆 等著

U0336888

同济大学 出版社

TONGJI UNIVERSITY PRESS

·上海·

内容提要

本书是"十一五"国家科技支撑课题"村、乡及农村社区规划标准研究"和"农村住区规划技术研究"的后续研究和实践成果。全书分为三篇，内容包括：上篇理论从建构美丽乡村规划建设理论的角度出发，提出了适合环境、适用技术、适宜人居的"三适原则"，产业经济、社会文化和空间环境"三位一体"指导思想，以及乡域、村域和村庄建设"三个层面"的认识框架。中篇规划篇是基于浙江省台州市黄岩区美丽乡村规划建设的大量实践，选取了七个不同类型的村庄案例，诠释具有针对性的规划建设策略。下篇实践篇着重对黄岩区屿头乡沙滩村美丽乡村建设全过程进行了生动展示和分析。

本书理论联系实际，案例丰富，图文并茂，通俗易懂，适用于大专院校城乡规划、建筑学和风景园林学等相关专业的本科生、硕士研究生学习参考，可作为从事乡村规划设计、建设和管理人员的业务参考书，并可作为农村工作干部培训学习参考教材，同时也可作为对乡村规划建设领域感兴趣的各界人士阅读参考。

图书在版编目（CIP）数据

黄岩实践：美丽乡村规划建设探索 / 杨贵庆等著

. -- 上海：同济大学出版社，2015.5（2023.7 重印）

ISBN 978-7-5608-5722-0

Ⅰ.①黄… Ⅱ.①杨… Ⅲ.①区（城市）—乡村规划

—研究—台州市 Ⅳ.① TU982.295.53

中国版本图书馆 CIP 数据核字（2015）第 000960 号

黄岩实践——美丽乡村规划建设探索
杨贵庆　等著

| 责任编辑 | 荆　华 | 责任校对 | 徐春莲 | 封面设计 | 陈益平 |

出版发行	同济大学出版社　www.tongjipress.com.cn	
	（地址：上海市四平路 1239 号　邮编：200092　电话：021-65985622）	
经　　销	全国各地新华书店	
印　　刷	上海丽佳制版印刷有限公司	
开　　本	787mm×1092mm　1/16	
印　　张	14.25	
字　　数	355 000	
版　　次	2015 年 5 月第 1 版	
印　　次	2023 年 7 月第 3 次印刷	
书　　号	ISBN 978-7-5608-5722-0	
定　　价	60.00 元	

《黄岩实践——美丽乡村规划建设探索》撰写组

撰 写 单 位　同济大学

主要著作人　杨贵庆　戴庭曦

其他著作人　钟鹏鸥　王欣东　庞 磊　刘 丽　王 祯　黄 璜

　　　　　　孙小淳　开 欣　宣 文　章丽娜　周咪咪

课题组顾问　陈秉钊　朱持平

实地调研人员　（按姓氏笔画排列）

　　　　　　万成伟　王 祯　开 欣　甘新越　过甦茜　刘一帆

　　　　　　孙小淳　孙元祺　祁仕奕　李吉桓　但梦薇　宋代军

　　　　　　陆平安　张梦怡　周咪咪　宣 文　郝雅坦　袁 苑

　　　　　　章丽娜　常 远　舒凌雁　翟羽佳

编 辑 助 理　王 祯　孙小淳　万成伟　宣 文

序一
延续乡村文明的基因

周祖翼

全国政协委员、同济大学党委书记

教授、博士生导师，同济大学新农村发展研究院院长

上世纪 80 年代以来，伴随中国经济发展和第二、三产业对劳动力的需求，农村人口持续不断向城市转移，继而形成了城镇化的大趋势，这实质上是中国传统农耕社会向现代社会转变的历史进程。从党的十五届五中全会首次提出"城镇化"到十八大提出要坚持走中国特色新型城镇化道路，中国特色新型城镇化已经成为我国社会主义现代化建设的重要战略任务之一。

在中国历史长河中，农业文明占据了显赫的地位，乡村文明曾是中华民族文明史的主体，村庄是这种文明的载体，乡村文化遗产也是中国文化遗产不可或缺的重要组成部分。新型城镇化过程，必然导致农村劳动力的外流，不可避免会造成农村空心化问题。农村空心化带来的最直接的影响有二，一是农村千百年来形成的家族社会关系，将随着人口的迁徙流动，最终面临彻底瓦解；二是与家族社会关系密切相关，且因应自然人文环境的古村落和风土建筑遗产，会失去存在的基础而最终消亡。农村人口的流失，必然会在很大程度上影响乡村建筑遗产。在过去的 30 年中，乡村建筑遗产在城市扩张与乡村更新步伐中不断消失。据统计，在我国 40 余万处不可移动文物中，半数以上分布在村镇当中。除文物之外，构建乡村聚落景观"底色"的风土建筑更是数量巨大、内涵丰富的遗产门类，其发展历程反映着中华文明的特征与传承，对其进行保护是实现城乡可持续发展的重要保证。

对乡村建筑遗产的保护，近年来取得了巨大的成就。保护方式主要分为文物类别的保护和历史文化名村名镇的保护。在国务院公布的第三批到第六批全国重点文物保护单位中，乡土建筑的数量不断增长；自 2003 年以来，国家住房和城乡建设部、国家文物局已公布五批共计 181 个历史文化名镇、169 个历史文化名村，有的省也推进了省级历史文化名镇名村的评定工作。然而无论是文物还是历史文化名镇名村，在保护的数量上相较于乡村建筑遗产的数量与紧迫的现状仍远远不足，特别是在今天的城镇化浪潮中矛盾尤为突出；同时，文物"原状保护"的保护模式往往不能满足乡村建筑遗产再生的需求，更难以解决农村空心化带来的诸多问题。

2013 年 12 月，中共中央召开城镇化工作会议，会议指出推进城镇化是解决农业、农村、农民问题的重要途径，是推动区域协调发展的有力支撑，是扩大内需和促进产业升级的重要抓手，对全面建成小康社会、加快推进社会主义现代化具有重大现实意义和深远历史意义。习近平总书记在中央城镇化工作会议作了重要讲话，提出了"城镇化是城乡协调发展。没有农村发展，城镇化就会缺乏根基"、"提高历史文物保护水平"、"要传承文化，发展有历

史记忆、地域特色、民族特点的美丽城镇"等先进理念和具体要求，为更加积极、稳妥、健康地推进城镇化指明了方向。

2014年初在全国政协会议上，针对有历史记忆、区域特色、民族特点的美丽乡村建设，我曾向有关部门提出以下几点建议：1. 加强对乡村文化的遗产调查、测绘、评估和保护规划工作；2. 分级加大"历史文化名镇名村"保护的力度，鼓励各省、市评定省、市级"历史文化名镇名村"，加大各级政府对乡村遗产保护的投入；3. 加强对乡村匠艺、工法等非物质文化遗产的保护；4. 鼓励政府引导、社会资本投入、社区推进、专家参与、多方共赢的乡村遗产活化模式，探索乡村建筑遗产"流转"、"活化"新路径；5. 通过加强乡村遗产知识的普及和乡村文化建设，促进自发性的保护活动，重建人们对亲情、乡情与场所的联系，做到即便"离乡"而不"忘乡"，真正"记得住乡愁"，促进文化的传承。

同济大学城乡规划、建筑、风景园林、土木等学科，经过长期的发展，已经建构了国内城乡规划建设最齐全的学科建制，已成为具有全球性影响力的教学、研究机构和重要的国际学术中心之一。为贯彻中央城镇化工作会议精神，经国家科技部和教育部批准，同济大学于2013年成立了同济大学新农村发展研究院，积极探索农科教相结合、多学科协同的综合服务模式，从宏观战略、农村政策和经济、设施农业、村镇规划与建筑、生态环境、能源利用、传统村落保护发展、防灾减灾等方面大力推进农业农村科技创新与推广服务，切实提高服务区域新农村建设的能力和水平。研究院自成立以来，围绕新农村建设，与地方政府合作建立了多个教学实践基地，在有关我国村、乡及农村社区规划标准和技术、风土聚落保护与再生、重点历史建筑可持续利用与综合改造、乡土建筑保护等方向，开展了多项卓有成效的研究和实践工作。浙江省台州市黄岩区"美丽乡村"教学实践基地，就是其中的成果之一。

作为"乡村人居环境规划研究"方向学术带头人，同济大学陈秉钊教授、杨贵庆教授团队，受台州市黄岩区农办和屿头乡政府邀请，在完成"十一五"科技支撑项目关于《农村社区规划标准》研究成果的基础上，结合城乡规划专业本科生毕业设计、研究生学位论文、暑期社会实践等多种方式，率领师生开展了深入的调查研究，从乡村产业经济、社会文化和空间环境等多方位入手，努力探索因地制宜开展乡村规划建设工作的新途径和新模式。本书中所呈现的研究成果，正是对台州市黄岩区"美丽乡村"规划建设实践的理论和类型范式的总结。例如，关于乡村规划建设的"三适原则"、"三位一体"等理论思考，以及关于乡村实践过程中不同类型、不同特色的归纳和设计建造的再演绎，遵循了"实践－理论－实践"的规律和路径。

本书的出版，对于我国美丽乡村的规划建设，特别是对于延续乡村文明基因的实践探索，无疑具有分类指导的积极意义。也希望通过本书的出版，有更多的同济师生能够进一步围绕新型城镇化的目标、任务，大胆实践，积极探索，不断取得新成果。

周祖翼

2014 年 8 月 3 日

序二
乡村悠悠，国盛家美

陈秉钊

同济大学教授、博士生导师，建筑与城市规划学院原院长

中国城市规划学会顾问，浙江省台州市黄岩区"美丽乡村"规划建设顾问

中共中央十八大政府报告中提出了"努力建设美丽中国、实现中华民族永续发展"的伟大任务。中国改革开放三十多年，城市面貌日新月异。在物质环境方面，一些城市的重点建设地段也许与世界发达国家的城市相比毫不逊色，甚至比他们更"美丽"。但是，我国广大农村的情况则恰恰相反。农村由于经济发展滞后，基础设施普遍缺乏，公共设施普遍不足，住房破旧，村容村貌和卫生环境等方面的问题多多，大多数的乡村还十分的不"美丽"。当然，农民的质朴、善良、社会风尚保存着良好的传统。

当前，全国正在努力促进新型城镇化。在城镇化的同时，千万不能忘记农村的建设。即使将来我国的城镇化水平达到70%以上，仍然有四、五亿人还居住在农村。农村绝不能成为荒芜的农村、留守的农村、记忆中的故园。城镇化要发展，农业现代化和新农村建设也要发展。两者同步发展才能相得益彰，要推进城乡一体化发展。

我国有着悠久的农耕文明史，历史的情结让人向往田园生活。当城镇化率超过50%之后，传统的乡村文化、美丽乡村的建设、农业景观和田园风光将变为稀缺资源。这必将萌发农村游、田园悠居的热潮，从而成为农村经济繁荣的新支点。

今天，我们要建设"美丽的中国"，正如《中共中央关于推进农村改革发展若干重大问题的决定》中（中共十七大三中全会通过）所指出的"没有农业现代化就没有国家现代化，没有农村繁荣稳定就没有全国繁荣稳定，没有农民全面小康就没有全国人民全面小康"一样，没有乡村的美丽，也就没有全国的美丽。当前"美丽中国"的半壁江山在农村，"美丽乡村"的实现是建设"美丽中国"的短板。"美丽乡村"建设工作已在全国各地展开，正在摸索。应避免重蹈以往的"刮风"，避免重演以往的形式主义。

在浙江省台州市政府领导下，黄岩区农办和同济大学建筑与城市规划学院携手合作，从试点开始。2013年2月共同建立了《同济大学建筑与城市规划学院——台州市黄岩区屿头乡美丽乡村规划教学实践基地》，经过一年多的努力，初步完成了屿头乡、头陀镇5个村的规划设计工作，加上黄岩区农办另外委托规划设计单位所完成的2个村规划编制工作。特别是在屿头乡沙滩村的规划建造实践，一些规划改造的建设项目业已实施，初见成效。规划实践根据不同的村情，突出各自的特色。例如，屿头乡沙滩村的"社戏广场"等改造项目，突出了乡村社会文化建设的特点，"道教"、"儒家"、中医养生等"文化集聚"；石狮坦村的敬老、革命先烈文化，上凤村的"枇杷节"及果业生产；布袋坑村的生态养生旅游；头

陀镇白湖塘村的白鹭栖息地的生态环境，乡村酿酒，红糖制作，茭白基地与农家乐的建设；潮济村古村落的观光旅游；联丰村的水库周边生态保护与休闲产业的发展等。

这些工作都还是刚刚起步，经验有限。为了将阶段成果与经验及时总结，编辑本书，以供交流，共同提高。

陈重钊

2014 年 11 月 10 日

前　言

"美丽中国"的半壁江山在"美丽乡村"。2013年中国城镇化水平已经越过50%，虽然这意味着中国城乡约一半人口居住在城镇，但仍然还有约一半人口在乡村。为呼应这一时代背景，中国城乡发展战略需要城乡统筹、区域协调，促进广袤农村的可持续发展。

"美丽乡村"，我们要实践什么？又如何实践？

我国乡村环境和建设正面临着是否能够实现可持续发展的严峻挑战。从我国当前城乡发展的总体情况来看，尽管一个时期以来农村建设取得了世人瞩目的成绩，但是问题仍然不容乐观。例如，一些地区农村土地和建筑浪费现象仍十分严重，资源过度使用导致枯竭令人担忧，公共设施和基础设施等十分缺乏，环境污染加剧恶化，经济发展与环境保护的矛盾更为凸显，农村社会问题（如留守老人、留守儿童、留守妇女等）逐渐严峻，地方传统建筑和村落风貌特色加快消失，等等。各地的新问题、新形势要求我国农村建设不仅要考虑物质空间环境的改善，而且还要更为全面深入地考虑农村发展自身的"造血机能"，增强自下而上、自内而外的发展能力，从而真正实现农村经济社会和环境的可持续发展。

对乡村建设和发展的重视已经上升为国家战略。党的"十八大"提出新型城镇化建设目标，把城镇化提升到国家层面的重要战略。《国家新型城镇化规划（2014-2020年）》出台，标志着城镇化规划已经上升为国家战略。国家"2011"协同创新的根本目标，就是要构建面向科学前沿、文化传承创新、行业产业以及区域发展重大需求的四类协同创新模式，而美丽乡村规划建设正是探索和实践"地方人居传统文化的传承与创新"、"区域城镇化发展重大需求背景下的乡村现代化道路"。在中国新型城镇化的战略目标下，探索乡村现代化的新模式、新类型，进行分类指导，是当前美丽乡村建设政策和实践的重要议题。

新形势下我国农村规划建设正实现从"新农村"到"美丽乡村"的时代跨越。当前，我国"美丽乡村"规划建设工作正在各地如火如荼地展开。各地方结合当地实际，努力探索符合生产力发展水平、符合地方自然地理地貌条件和社会文化特征的"美丽乡村"规划建设道路。笔者认为，如今"美丽乡村"建设工作，是在十年前"新农村"建设基础上的时代跨越。自2005年12月中央经济工作会议提出了"扎实推进社会主义新农村建设"以来的十年，我国各地在"新农村"建设的"生产发展、生活宽裕、乡风文明、村容整洁、管理民主"20字方针指引下，深入实践。如今，在国家新型城镇化的战略目标下，努力探索我国乡村现代化的新模式、新类型，进行分类指导，已经成为"美丽乡村"建设理论和实践的重要任务。因此，"美丽乡村"应当是对过去十年我国"新农村"建设实践经验的总结和提升，是在新的形势下对我国广大乡村可持续发展的新要求。各地农村应当面对发展的新形势和新问题，努力实现农村社会经济和环境发展的新跨越。

浙江省"新农村"和"美丽乡村"建设均起着全国引领作用。2003年以来，浙江在全省农村率先开展"千村示范、万村整治"工程，取得了明显成效。当前，浙江省以"美丽乡村"

规划建设为新的发展契机，在总结实践经验的基础上，坚持"因地制宜、分类指导、规划先行、完善机制、突出重点、统筹协调"的方针，从实践出发，坚持农民主体地位，尊重农民意愿，突出农村特色，弘扬传统文化，有序推进农村人居环境综合整治，全面改善农村生产、生活条件，加快"美丽乡村"建设。

本书所展示的浙江省台州市黄岩区"美丽乡村"规划建设实践，正是在新形势下的积极探索。从 2013 年 2 月起，同济大学建筑与城市规划学院城市规划系与黄岩区共建"美丽乡村"规划教学实践基地，结合实地调研和规划实践，归纳总结了适合环境、适用技术、适宜人居的"三适原则"，产业经济、社会文化和空间环境"三位一体"指导思想，以及乡域、村域和村庄建设"三个层面"的理论认识框架，并针对不同类型的案例提出了具体针对性的规划设计和建造策略，以"理论篇"、"规划篇"和"实践篇"三篇共十章形成了本书的结构。其中"中篇"规划篇和"下篇"实践篇的部分素材来源于上述规划教学实践基地所开展的 2013 年暑期社会实践、2014 年城市规划专业毕业设计等。类型六和类型七由黄岩区委、区政府、农村工作办公室提供部分资料。实地调研人员所完成的现场问卷调查和分析等成果主要反映在本书的附录中。各章节主要撰写人员如下：

第 1 章：杨贵庆、戴庭曦；第 2 章：杨贵庆、刘丽、戴庭曦；第 3 章：杨贵庆、钟鹏鸥、王欣东、庞磊、章丽娜、开欣等；第 4 章：杨贵庆、宣文等；第 5 章：杨贵庆、开欣等；第 6 章：杨贵庆、王祯等；第 7 章：杨贵庆、孙小淳等；第 8 章：戴庭曦等；第 9 章：戴庭曦等；第 10 章：杨贵庆、庞磊、黄璜等。全书由杨贵庆统稿。

本书的基本理论构架在 2011 年笔者负责承担的"十一五"国家科技支撑计划课题"村、乡及农村社区规划标准研究"和"农村住区规划技术研究"中已经基本完成，这里所展现的是基于上述课题研究的后续研究和实践。希望本书的出版，使得基于黄岩实践的乡村规划建设理论思考和方法探索，为我国"美丽乡村"规划建设的伟大事业贡献一份力量！

同济大学建筑与城市规划学院 教授、博士生导师

2015 年 4 月 21 日

目　录

上篇　理论篇

中篇　规划篇

下篇 实践篇

上篇　理论篇

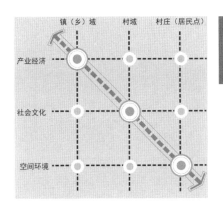

第1章　美丽乡村建设的"三适原则"、"三位一体"和"三个层面"

　　"美丽乡村"规划建设理论不是高深莫测的理论，相反，它应该是因地制宜的朴实通俗的理论。这里，我们把它归纳为三个"三"，即："三适原则"、"三位一体"和"三个层面"。本章重点阐述"适合环境、适用技术和适宜人居"的"三适原则"，"产业经济、社会文化和空间环境"互动协调的"三位一体"，以及"乡域、村域和村庄"重点建设的"三个层面"。这些朴实通俗的理论，充分反映了我国各地农村由于自然气候地理地貌差异、生产力发展水平差异、社会文化多样性，以及与城市距离区位差异等方面的特征，也是对乡村现状特征和建设发展的科学认识。

1.1 适合环境、适用技术、适宜人居"三适原则"

对于当前我国各地开展的"美丽乡村"规划建设，笔者认为重视乡村地理地貌环境，因地制宜，采用符合地方经济发展条件的技术手段，改善并提升广大村民的民生利益，是当下最为重要的规划建设抓手。这可以归纳为"适合环境、适用技术、适宜人居"的建设原则（简称"三适原则"）。在"三适原则"指导下，探索美丽乡村建设的实施策略。具体来说：

1.1.1 适合环境

它是开展美丽乡村建设的基本原则。从我国海拔特征来看，自西向东分为三级阶梯状，根据地形地貌划分为山地、丘陵及平原三个基本类型。其中，平原地区地貌还分为水网、湖泊等不同类型。所以，不同地形、地貌的乡村，村庄类型具有较大的差别。美丽乡村建设应根据当地的自然地形、地貌条件，因地制宜。具体策略包括：

（1）千万要避开地质灾害等不利因素的影响，避让不利于乡村建设的用地，做到选址科学合理。对于已经建设的村庄，应消除地质灾害的隐患。

（2）在安全选址的前提下，应进一步重视适合乡村建设的用地环境，做到节省用地。把乡村建设的用地规划与节省用地有机结合起来，根据地形地貌特征和现状布局条件，采用集中或者相对分散的布局形式。在平原地区不宜采用分散的布局方式，在山地或丘陵地区，不宜采用集中成片的布局方式。

（3）差别化发展。根据环境特点和乡域或镇域总体规划要求，有的乡村要重点发展建设，而有的乡村要控制建设发展规模，甚至还有的乡村不再作为发展的选择，切忌不分重点、"一刀切"的建设。

特别是在村庄、村民点合并方面，更要慎重区别对待。对于平原地区的乡村，由于早期生产力水平较低，以人力、畜力为基础的耕作特征决定了村民出行劳动的距离，导致村庄规模小，数量多，布局较为分散。如今现代农业生产力水平有了很大发展，耕种的机械化使得农业生产规模化。遵照"生产力决定生产关系"的理论，现代农业生产力水平的提高决定了乡村村民居住社会关系的转型，适当合并原来分散布局的村庄就有其必然性。然而，合并村庄千万不能"一刀切"，尤其是要注重那些虽然规模小但有历史文化遗产价值的村庄。避免在发展过程中破坏历史文化遗存。

（4）利用好自然地形地貌的景观特征，奠定建设具有地方风貌特色美丽乡村的环境基础。切忌不顾环境条件地进行规划建设，切忌粗暴地"削山头、填水塘、移大树"[1]，人为破坏自然地形地貌等宝贵的生态环境格局，从而造成不可挽回的生态平衡破坏。我国建筑气候区划把全国的气候区划分为 7 个大的片区，各气候区内又划为次级分区，总共有 20 种不同的气候类型。这些类型特征对我国广袤乡村地区的村民住宅建筑设计和布局来说，有着重

---

[1]　仇保兴. 生态文明时代的村镇规划与建设 [J]. 中国名域，2010（6），4–11.

要的指导意义。乡村建设应适合当地的气候环境，在符合科学规划布局的基础上，保护并传承地方特色。

1.1.2 适用技术

它是美丽乡村建设的重要指南。适用技术的概念可以表述为：因地制宜地采用地方传统技术优势、地方材料和建造工艺进行建设。采用适用技术的主要目的，就是要避免不顾当地生产力水平和经济条件，采用虽然先进但十分昂贵的技术。我国东部地区和中、西部地区的整体经济发展水平差异较大，各地区的乡村经济发展水平差异更大。例如，在东部发达地区的乡村，可能并不昂贵的建造技术，但对于西部乡村地区来说就可能在经济上难以承受。又如，关于乡村生活污水的治理，发达地区可以排设污水管网把乡村生活污水排入相邻城镇的污水管网系统统一进行处理，而偏远的贫困地区的乡村，则需要采用灵活简便和生态化的处理方式；对于"节能技术"的考虑也应遵循这一原则。经济发达地区的乡村，太阳能屋面板可以结合公共设施的屋顶，大面积设置以获得集中供应热水。屋顶的雨水可以通过集中收集之后作为浇灌等使用；而这对于落后地区的乡村来说，上述技术的初次投资成本较大，有些设施在建成之后日常运营和维护的成本较高，则难以维持。因此，应提倡适用技术解决乡村建设发展的需求。对于村民住宅的建造也是如此。村民住宅建造量大面广，住宅墙体建筑材料与技术是生态节能发展的可用武之地，应根据各地不同的气候条件，分别采用符合地方建筑材料和建造工艺特点的方法，对墙体与屋顶面的保温、隔热、防水等方面进行适用技术处理，达到"价廉物美"的成效。

1.1.3 适宜人居

它是美丽乡村建设的核心价值。美丽乡村建设的根本目标是为了"人"的发展。乡村公共基础设施的建设将是保障乡村人居生活质量的重要条件。乡村公共基础设施包括生活和市政两个部分。其中，生活部分是指基于村民点的日常商业、文化活动、村庄管理、基础教育、医疗等主要内容；市政部分是指村庄道路、给水、污水收集和处理、电力照明、通讯、环卫等主要内容。由于我国东部和中、西部乡村经济发展水平差异较大，一些贫困地区的村庄，还未做到公共基础设施建设的保障。一些村庄仍然存在道路泥泞、垃圾随意堆放、污水自流的现象，乡村生态环境和村民生活质量每况愈下。有些问题是由于一些村庄工业项目的污染造成的灾害，同时也反映出乡村市政基础设施的严重缺失。党的"十八大"报告指出："着力在城乡规划、基础设施、公共服务等方面推进一体化，促进城乡要素平等交换和公共资源均衡配置，形成以工促农、以城带乡、工农互惠、城乡一体的新型工农、城乡关系。"所以，对于我国当前美丽乡村建设，应努力做好乡村公共基础设施规划建设，切实为乡村人居的可持续发展打下扎实基础。

总之，在当前"美丽中国、生态发展"的总体目标指引下，美丽乡村建设迎来前所未有的发展机遇。本着"适合环境、适用技术、适宜人居"的"三适原则"，因地制宜，分类指导，努力探索，积极实践，中国美丽乡村建设一定能走出一条符合国情和地方实际的可持续发展之路。

1.2 产业经济、社会文化、空间环境"三位一体"

1.2.1 以"三位一体"为指导思想，科学合理指导美丽乡村规划建设

对欧、美和亚洲发达国家的农村发展进行考察研究，可以看到这些发达国家对农村发展所制定的政策措施，绝大部分都比较重视产业经济、社会文化和物质空间环境的整体发展。例如，早在2007年欧盟出台了《农村发展社区战略指导方针（2007-2013年规划）》；英国苏格兰行政当局在2004年就已颁布《苏格兰农村发展规划政策》，涉及规划远景、发展目标、经济发展、住房、道路、环境质量、公共参与以及和农村社区规划规划的实施和开发控制等。美国农业部2005年，由农村发展署颁布《社区发展技术支持手册》，其目的是帮助美国农村面对的人口下降、吸引和保持就业岗位、提供高质量住房和医疗保健、保持改进学校教育、建设和维护基础设施、保护农村环境等。韩国从1970年代开展"新村运动"，政府"自上而下"与村民"自下而上"公众参与相结合，成功地推进农村建设改造，既保留了乡村自然景观，又改变了农村落后面貌，较好地实现了现代化新型农村的可持续发展。

因此，可以看到，综合考虑农村的"产业经济、社会文化和空间环境"三者的整体发展，即"三位一体"的理念，应当成为我国开展"美丽乡村"规划建设工作的重要指导思想。

1.2.2 "产业经济、社会文化、空间环境"三者的辩证关系

产业经济、社会文化和空间环境是"美丽乡村"规划建设三个重要的内涵，三者相互支撑，不可分割，是一个整体。其中，产业经济的发展好比乡村自身的"造血机能"，是社会文化和空间环境建设的经济基础，可以为乡村建设提供可持续发展的动力。适合地方资源条件、发挥地方传统特色的产业增长和培育，可以充分提供村民就业，并使得乡村年轻劳动力具有选择在家乡创业发展的愿望，甚至可以吸引邻村和外乡劳动力前来就业；社会文化的发展好比乡村文明的灵魂，即注重村民自身的发展，尊重村民的意愿，维护村民的权益，传承地方乡土文化，使得乡村文明不断推陈出新，因此，社会文化发展又是乡村产业经济发展的终极目标和意义所在；空间环境发展是乡村产业经济、社会文化发展的物质载体，空间环境的改善，可以促进乡村产业经济能级提升，并为乡村社会文化活动创造良好的物质基础，方便了村民的生产生活。此外，一些地方传统村落、少数民族特色村寨和民居，其建筑和空间环境本身的风貌特色，是乡村地域文化特色和民族文化传承的具体表现，具有一定的历史、艺术和科学价值。

如果只重视产业经济的发展，而忽视社会文化和空间环境的建设，可能会导致为了产业经济增长而不顾乡村自身地理地貌条件和社会文化价值，从而导致生态环境破坏、乡土文化衰败、村民利益受损等问题，这些问题反过来将制约乡村产业经济可持续发展。因此，在具体的实践中，一定要通过深入实地调查，分析归纳出符合地方资源条件和传统特色优势的产业类型，使得乡村产业经济的发展，既满足村民收入不断增长的需要，又可以体现地方文化特色，促进村民乡村社区认知和地方自豪感的提升。

如果只重视社会文化的发展，而忽视产业经济、空间环境的建设，可能会导致社会文化发展缺乏自身的动力而难以持续，或者社会文化发展的品质受到空间环境的制约。一般

来说，社会文化的发展建设需要资金投入，如果一味地依靠上级政府有关部门的有限投资，虽然在近阶段可以举办诸如乡村文化活动、改善民生福利等来促进社会文化的繁荣，但是难以根本实现民生的持续改善和地方文化的持续传承。

如果只重视空间环境的建设而忽视乡村产业经济、社会文化的发展，那么，空间环境建设本身也是难以可持续的。这是因为，空间环境建设和社会文化发展一样，需要资金投入。虽然上级政府有关部门的专项资金可以促进空间环境的改善，但是资金有限而且难以持续。同样，空间环境建设发展不可脱离社会文化的发展。如果脱离村民需求和乡村文化特色，那么，空间环境建设的结果可能无法改善村民切实的生活困难，并且可能毁坏地方原有的传统建筑特色和历史文化村落风貌特色，导致"建设性破坏"或"破坏性建设"。

因此，只有产业经济、社会文化和空间环境"三位一体"的发展，才是"美丽乡村"建设的必由选择。上述"三位一体"的理论认识，如图1-1所示。

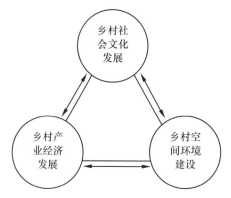

图 1-1　乡村产业经济、社会文化、空间环境"三位一体"关系

1.3　乡域、村域、村庄建设"三个层面"

我国乡村的区域空间层次涉及的范围比较广。大到省份，甚至有时用东部、中部和西部来区分或描述乡村的区域定位，但是一般来说，乡村的区域空间范围主要通过"县域"（或与县域等同的县级市、县级区）来区分或描述，换言之，"县（市、区）域"成为乡村的重要社会经济空间背景。这是因为，在"县（市、区）域"范围的城镇体系框架下，确定了乡、镇的功能结构、等级规模结构和空间结构。本书"黄岩实践"中的村庄案例，就是在浙江省台州市黄岩区（与"县域"等同）的区域空间范围下进行规划建设探索的。

对于"美丽乡村"具体的"村"，则"乡域（与镇域等同）"成为其更为紧密的社会经济空间背景，这是由于"村"是"乡（镇）域"（以下同"乡域"）范围内村镇体系规划建设的主要单元。因此，在乡村的规划建设实践层面，把乡村的空间层次划分为"乡域、村域和村庄"三个主要层面。在我国《城乡规划法》法定的规划编制层次中，"乡域"对应的是"乡规划"，"村域"和"村庄"对应的是"村规划"。以下分别从这"乡域、村域和村庄"三个层面，来论述它们和"产业经济、社会文化、空间环境"建设的对应关系。

1.3.1　乡域层面

以"乡域"为单位来推进"美丽乡村"建设工作具有积极作用。这主要是我国行政体制构架特点所决定的。在县（市、区）层级之下，乡（镇）党委、乡政府具有自上而下统筹乡域内社会经济活动和建设等各项组织、协调和管理的作用，通过组织编制乡社会经济发展规划、乡域总体规划等法定规划来科学合理地确定村庄体系结构，依托区域道路交通条件、资源禀赋和产业基础等来制定乡域内产业经济发展整体战略。对于"美丽乡村"建设来说，乡域层面可以从整体上根据各村优势和特点,明确各村的发展定位,指导各村建设发展的重点,并且协调村与村之间可能存在的矛盾和冲突。

因此,在乡域层面,重点组织、协调和推进"美丽乡村"产业经济的发展将起到更为积极有效的作用,这既是乡域内自然环境和资源共享、协调、有序发展和可持续发展的客观要求,也是乡域行政体制自上而下发挥组织管理和协调作用的最佳选择。

1.3.2 村域层面

以"村域"为单位来组织"美丽乡村"建设工作切实有效。一方面,村委会作为我国地方基层选举具有法定的体制基础,在村民自治、村民权力保障等方面具有紧密的联系。来自全村的村民"一人一票",从制度上促进了农村社区的"社会资本"建设,形成利益共同体。因此,"村域"层面有利于组织乡村社会自治和社区发展;另一方面,乡村社会长期以来形成的以血缘、亲缘、族缘等家族关系为纽带的社会群落,以及社会群落所产生的对于"村域"物质边界的空间领域感,通过传统农耕生产活动和民俗文化活动传递、传承至今,已经塑造了代代相传的社区归属感和认同感。在一些农村地区,"村域"范围内村民的这种归属感和认同感,通过设置在村里的庙宇、道观等宗教场所每年约定俗成的活动,得以更加凝聚和强化,成为乡村社会文化特色的重要内容,也成为被称之为"乡愁"的精神内涵之一。

因此,从这个意义上说,在村域层面重点组织推进"美丽乡村"的社会文化发展更为有效。

1.3.3 村庄层面

在"村庄层面"来实施"美丽乡村"建设工作具有突出的近期成效。一般来说,村民住宅和公共设施较为集中在村民委员会所在的村庄,便于实施物质空间环境的改造,便于配置必要的公共服务设施,市政基础设施(如供水、污水处理、电力、电讯、北方地区的集中供热,以及垃圾收集处理等)建设将更好地服务村民居住,方便生活,并使得设施配置的效率更高。同时,"村庄层面"空间环境的改善将产生直接的环境美化作用,增强村民建设"美丽乡村"的信心和家乡自豪感,反过来也促进了在外经商的村民投资家乡发展经济的意愿,为培育乡村自身的"造血机能"带来更多的资源。乡村自身的产业经济一旦发展走上良性循环,就业岗位增加,那么,在外打工的农村青年就会产生回乡发展的愿望。当一部分农村年轻劳动力开始返回乡村时,农村"留守老人、留守儿童、留守妇女"的"三留"社会问题也可望得以解决。

此外,"村庄层面"空间环境的改善,也将直接给社会文化的建设发展提供物质条件。例如,目前在浙江省农村开展的"乡村文化礼堂"项目建设,就可以结合"村庄层面"物质空间环境的改造得以实施。通过在"村庄层面"原有公共建筑和场地的改造和再利用,既不必占用基本农田,又可以使得原有被废弃的公共建筑和场地得以活化、再生。

因此,"村庄层面"重点加强"美丽乡村"空间环境建设更为有效,具有较好的可操作性。

应该说,以上"三个层面"都不同程度地涉及到"三位一体"的发展,即在乡域、村域和村庄层面,都可以组织开展"产业经济、社会文化、空间环境"的相关建设。不过,根据上述分析论证,以上"三个层面"对于"三位一体"发展的重点应有所区分。即:在"乡域层面"组织开展"产业经济"发展更为有效，在"村域层面"推进"社会文化"发展更为有效，在"村庄层面"重点加强"空间环境"建设更为有效。这也是本书为什么强调这三个空间层次划分的原因，同时也是本书对当今我国"美丽乡村"规划建设理论研究的贡献之一。以上关于"乡域、村域和村庄"三个层面与"产业经济、社会文化、空间环境"三位一体对应关系的阐释，如图1–2所示。

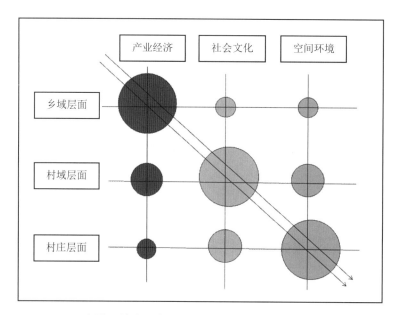

图1–2　乡域、村域、村庄"三个层面"与"三位一体"的关系

图1–2中，圆圈大小（大、中、小）表示在某个层面产业经济、社会文化和空间环境发展的重要程度（对应于重要、较重要和一般）。如果赋以分值，大圈得分为9分，中圈得分6分，小圈得分3分，那么，可以看出"村域层面"具有一个大圈（重要）、两个中圈（较重要），总得分21分。"村庄层面"有一个大圈（重要）、一个中圈（较重要）、一个小圈（一般），总得分18分。"乡域层面"有一个大圈（重要）、两个小圈（一般），总得分15分。

从得分可以看出："村域层面"（21分）应该是"美丽乡村"建设的重点层面，其次是"村庄层面"（18分），然后是"乡域层面"（15分）。不过，我国各地农村的类型多样，情况复杂，也许无法简单地采用这个认识加以全部厘清，需要因地制宜，分类指导。总体来说，"乡域、村域、村庄"三个层面是一个整体，既有重点，又需协调，相互联系，互为照应，不可片面发展。

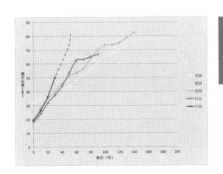

2

第2章 美丽乡村"社区单元"及其发展思路

　　上一章论述了"美丽乡村"建设"乡域、村域、村庄"的三个空间层面及其建设重点，指出"村域"应当是"美丽乡村"建设的重点层面。那么，如何在"村域层面"开展"美丽乡村"建设？本章建构了关于"农村社区"的概念，借鉴发达国家农村现代化的建设经验，并充分结合我国的农村发展实际，提出了农村社区作为一个"社区单元"的建设目标，即：把"村域层面"作为一个个产业经济、社会文化和空间环境"三位一体"的"社区单元"，深入分析其构造组成，阐释我国当前城镇化进程中农村社区单元构造的基本类型和主要特征，在此基础上，提出农村社区单元规划建设的核心内容，为开展"美丽乡村"提供理论认识和实践指导。

2.1 "社区单元"的乡村发展对策

2.1.1 农村社区

根据社区概念的演进和基本特征，将"农村社区"的概念界定为"农村地域一定规模人群的社会生活的共同体"。[1] 它包括四个方面的基本内涵：

（1）农村地域。这是农村社区的物质环境基础，是农村社区与城市社区的地域区别，也是有别于其他非地理社区概念的重要特征。这一地域空间范围的界定，为农村社区规划中物质空间环境规划的要素奠定了用地和空间基础。换言之，物质空间环境规划的要素得以在一定的地域范围内进行组织、规划。

（2）一定规模的人群。它是指合理的农村社区人口规模。在生产力水平、建筑气候区划、地形地貌、文化传统等多因素影响下，农村地域人口聚居的规模和方式是不同的。而农村社区规划建设的目标，就是要根据多因素影响下，提出符合当地生产力条件和生活方式的社区人口规模，并有效整合各种资源，组织生产、生活，发挥公共设施和基础设施的效益。因此，合理人口规模的确定，因地而异、因时而异。过去根据农耕经济发展水平所划定的村域边界，由于生产力发展水平提高了，建立在生产力基础上的生产关系和空间关系就要重新加以调整确定，就要根据农村社区发展要求合理地调整完善。

（3）社会生活。它是指农村地域内生产、生活的总称，而不单是居住功能。它包括农村地域内的产业经济活动、社会文化活动和日常居住活动等主要功能。由于农村地域的特定范围，村民生产、生活在地域空间方面总体上比较邻近，这和城市不同。城市内的居民在一个小区居住，但上班可能在城市的另一端，出行时间可能一个小时甚至几个小时。因此，社会生活的总和是农村社区概念中重要特征。

（4）共同体。费孝通先生曾在《江村经济》一书中指出："村庄是一个社区，其特征是，农户聚集在一个紧凑的居住区内……它是一个由各种形式的社会活动组成的群体……而且是一个为人们所公认的事实上的社会单位。"[2] 这一内涵揭示了农村社区人群共同的利益。由于在同一地域范围内生产生活，其物质设施和环境条件，人际关系的状况以及管理的效率等，都涉及每一个定居者的切身利益，它反映了农村社区认同存在的客观必然性。因此，共同体的特征为农村社区公众参与、村民自治、从而维护自身利益的权利奠定了理论基础。同时，共同体利益揭示了农村社区管理和组织的必要性。对于一个特定的农村社区，应该具有一个农村社区组织来承担起维护其共同利益的责任，而这种维护的工作又是经常性的。此外，共同体的特征揭示了农村社区人群社会心理的作用，即如何使得村民对这一社会生活共同体产生归属感和稳定的定居意识，是农村社区规划、建设和管理所要共同努力的目标。因此，农村社区规划中社会发展规划和经济发展规划应进一步了解村民的各种需求，为民生工程建设提出切实可行的工作目标。

---

[1] 杨贵庆．农村社区——规划标准与图样研究 [M]．北京：中国建筑工业出版社，2012．

[2] 费孝通．江村经济 [M]．江苏：江苏人民出版社，1986．

需要指出的是：农村社区是当前我国乡村现代化过程中的一种建设类型，而不是一个新的行政层次。我国的城市、镇、乡、村等都是行政层次的概念，都具有相应的行政建制机构或派出办事机构。乡有乡政府，村有村委会，都有相应的公章。而农村社区不同，它不是一个行政层次概念，而是一个建设类型概念。换言之，农村社区的建设应成为乡、村建设的目标，而不是取代乡、村的建制。例如，在乡域层次可以进行大型农村社区建设，在村域层次可以开展基层农村社区建设。因为，乡、村两级在大型公共设施、大型市政基础设施和组织村民日常生产、生活等方面的功能和效率各有所长，无法替代。

2.1.2 发达国家农村规划建设的经验借鉴

综观发达国家的农村社区发展规划政策，都强调了农村社区产业经济发展、社会文化发展和空间环境发展三个方面。其中，在产业经济发展方面，均强调农业经济发展的基础地位，提倡因地制宜，发挥农村产业多样性，重视农村社区资金援助，要求经济发展的可持续性；在社会文化发展方面，均提出规划政策制定的重要性以及结合地方情况的适宜性，强调公众参与、社会组织发展，注重培养农村社区地方组织领导者的能力，以及对农民的教育、培训，要求部门履行管理和引导职责；在物质空间发展方面，均强调加强农村基础设施建设，公共服务设施配套，结合农村资源特征，多样性发展。

在一些发达国家关于农村社区发展政策标准的条例数量比例结构方面，经济、社会方面的比例均比较显著。例如，对于产业经济、社会文化、空间环境三者条例数量的比例，欧盟《农村发展社区战略指导方针》中为32%：45%：23%；英国《苏格兰农村发展规划政策》中的比例为22%：35%：43%；而美国农业部《社区发展技术支持手册》中的比例为18%：73%：10%。由此可见，随着经济水平的不断提高，农村社区除了物质空间方面的要求之外，农村对产业经济、社会文化发展的要求不断提高，既考虑了空间环境发展，也考虑到人的发展。正是综合考虑了产业经济、社会文化和空间环境三者因素，才更反映出关于农村社区概念中"社会生活"的基本内涵，而不单是居住方面的单项要素。

2.1.3 农村社区单元构造的理念

通过上述对发达国家的实践经验可以看到，农村社区的规划建设不只是空间环境方面的建设与改善，而且还包含产业经济、社会文化方面的发展。在农村社区规划建设中，产业经济、社会文化和空间环境三部分相互关联、相互支撑，三者互为一体，维持农村社区的运行，推动农村社区的发展。只有考虑了产业经济、社会文化和空间环境"三位一体"的农村社区，才更符合农村社区规划建设的内涵特征。

受发达国家农村社区建设经验的启发，本书提出建立"农村社区单元构造"的理念，就是要把农村看作一个乡村社会生产生活的基本结构单位，对其产业经济、社会文化和空间环境三方面进行三位一体的整体构成和营造。这一理念反映了农村社区规划建设的工作对象，它涵盖产业经济、社会文化和空间环境三部分内容。

2.2 农村社区单元构造的基本类型及主要特征

伴随科技进步及快速城镇化建设的推进，乡村发展受到更多因素的影响，出现了加快发展和转型变化的格局。在一定的发展阶段，出现以不同因素主导的发展方式，并呈现出不同的特征。在我国乡村建设长期发展的过程中，依据形成特征，从产业经济、社会文化和空间环境三要素运行变化的视角，可以将现阶段我国农村社区单元构造的发展变化归纳为以下三个基本类型：①基于乡村自身资源逐步发展的"内生型"；②受外界经济要素植入发展的"外来型"；③以管理区划调整进行发展的"突变型"[1]。

2.2.1 "内生型"农村社区单元构造

"内生型"农村社区单元构造主要基于自身资源特色逐步发展。在发展过程中，产业经济、社会文化、空间环境三要素处于相对稳定的渐进式发展状态。其主要的表现特点为：外界影响因素较为稳定，缺少突变性因素的干扰。在这种情况下，产业经济、社会文化、空间环境三个要素相对均衡，表现出渐进式发展的特征。具体表述如下：

（1）产业经济方面：产业发展相对缓慢，在第一产业基础上，部分乡村结合自身条件建设农产品深加工的产业，由于缺少大规模资金的注入，发展规模不大；部分具有旅游资源、历史文化资源的乡村多建设以"农家乐"为代表的服务业设施，规模相对较小。

（2）社会文化方面：人口构成基本以本村人口为主，外来人口比例较少。由于受到城市与其他地区辐射吸引，人口总数在许多乡村中出现下降的现象。同时由于发展变化速度较慢，部分文化传统要素得以保留，大多数历史文化村落具有这一特征。

（3）空间环境方面：由于产业经济与社会文化要素的渐进式发展，因此空间环境建设也基本没有大规模扩张性的建设，多数建设类型集中在乡村旅游设施以及改善原有村庄环境等方面。

"内生型"农村社区单元构造的发展过程如图 2-1 所示。

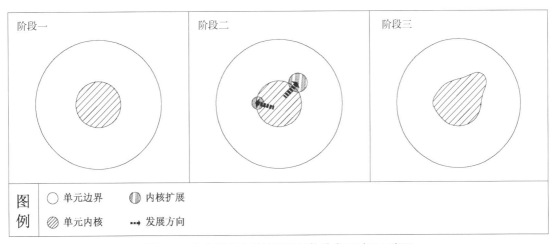

图 2-1　内生型的农村社区单元构造发展过程示意图

---

[1] 杨贵庆，刘丽. 农村社区单元构造理念及其规划实践——以浙江省安吉县的山乡为例 [J]. 上海城市规划，2012（5）：78-83.

2.2.2 "外来型"农村社区单元构造

外来型农村社区单元构造表现为由于受到外界某种因素的强烈刺激，而导致其在较短时间内发生结构性变化。主要的表现特点为：由于具有良好的区位条件，受周边地区城市化辐射带动，以产业园区建设为代表，产业经济要素成为带动社区单元构造变化的主导因素，社会文化和空间环境要素随即发生相应变化，从而导致社区单元构造整体发生结构性变化。其发展速度相对较快，通常在2~3年的时间内就会基本完成单元构造的发展变化。具体表述如下：

（1）产业经济方面：乡村经济发展迅速，一般以产业园区的建设为主要特征，进而推动原有农村社区单元构造中社会文化要素和空间环境要素的发展。

（2）社会文化方面：产业园区建设相应提高本村就业岗位数量，吸引周边农村单元的人口向产业园集中，因而外来人口比例增加，人口总体年龄结构、教育水平等都发生相应的变化。

（3）空间环境方面：经济与社会要素的发展变化，表现为农村社区单元建设规模在相对较短的时间内发生结构性的变化，如：建设用地的空间扩张，工业用地规模急速上升，占总用地的比例不断提高，道路与市政设施的配套建设快速发展，道路用地比例提高、市政设施的配套水平不断完善。此外，由于新增外来就业人员的入住，乡村自身居住与配套用地的总量也迅速提高。

"外来型"农村社区单元构造的发展过程如图2-2所示。

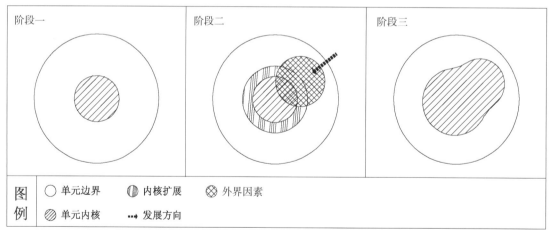

图2-2 外来型的农村社区单元构造发展过程示意图

2.2.3 "突变型"农村社区单元构造

突变型农村社区单元表现为由于受到行政建制的直接干预，而导致单元构造在短时间内发生突变。主要表现为：由于一些乡村发展基础较好，把邻近的规模较小、发展落后的乡村并入。以"迁村并点"等为代表，社会文化要素成为带动社区单元构造变异的主导因素，通过行政管理区划调整的方式，促使农村社区单元空间环境要素的变化，单元界限扩大。通过增加配套设施建设、完善功能等手段，提升产业经济要素的发展水平，从而导致整体发生结构性变化。由于采用行政干预的方式，通常是"一夜之间"的突变，但结构性的深层次变化往往要滞后于管理区划的调整。具体表示如下：

（1）产业经济方面：村域范围的扩大为乡村经济发展提供更广阔的发展腹地，利于资源整合发展经济。

（2）社会文化方面：管理区划的调整相应促进组织管理的调整，并增加文化的多样性。

（3）空间环境方面：村域范围扩大，可有效整合使用土地资源。原有发展较好的村庄居民点进一步扩大规模、完善功能，增加文化、教育等配套设施建设，逐渐发展为新的服务核心。

"突变型"农村社区单元构造的发展过程如图 2-3 所示。

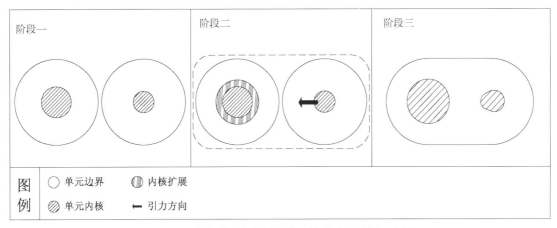

图 2-3　突变型的农村社区单元构造发展过程示意图

以上农村社区单元构造的 3 种基本类型及其特征对照，如表 2-1 所示。

表 2-1　　　　　　　农村社区单元构造的基本类型及主要特征一览表

基本类型			"内生型"	"外来型"	"突变型"
主要特征	产业经济	产业多样性与经济发展	总体发展相对平缓，结合自身资源提升，增加产业多样性，促进经济发展	受外来因素影响大，建设资金大规模投入，产业经济发生变化迅速，经济发展增长较明显	资源利用范围扩大，产业经济多样性发展的可能性大增，经济发展潜力大
	社会文化	人口规模	人口以自然增长为主，且机械增长多为负数，人口总数有下降趋势，人口结构有老龄化趋势	人口总量较快增长，外来务工人员增加，人口结构发生变化，呈现年轻化趋势	人口总量因统计范围变化突然增加，人口结构因行政范围调整对象不同呈现差异
		文化发展	有一定发展历史，具有文化特点与乡土特色；教育设施总体水平有待提高	有一定文化乡土特色，受外来就业人口影响大，总体文化结构发生一定变化	范围的扩大使文化发展具有多样性；教育设施资源得以整合发展
		社区组织	多以村委会为行政管理组织中心。原有村民地缘关系变化不大	分属于村委和产业园区管理，呈现不同类型的发展模式。原有村民和外来务工人员及家庭的地缘关系重新组织，受到影响	原有的村委会行政管理组织调整合并与重组。原有村民地缘关系变化不大，但存在重点发展和非重点发展区别，存在发展差异

续表

基本类型			"内生型"	"外来型"	"突变型"
主要特征	空间环境	建设用地	建设用地基于原有村落的格局逐步向周边扩大,服务设施与公共绿化活动场地较少	建设用地总量增长迅速,用地结构发生根本变化,新区旧区环境特征对比明显	地域空间与建设用地总量得以扩大,用地结构与整体空间布局亟待调整与优化
		居住用地与住房	居住用地类聚特征明显,与自然环境结合较好,但住宅设施条件有待完善	传统地方住宅与现代商品房住宅形成类型对比,住宅用地集约化程度提高	居住用地结构需要重新安排,对新增住宅建设项目选址应考虑现状条件和未来发展结构
		公共服务设施	类型和规模发展相对滞后,应结合发展逐步改善	设施类型、规模与服务水平得到快速提升与发展	需整合已有设施,并针对新的建设用地结构提出规划建设要求
		可达性与道路交通设施	道路与交通设施发展相对缓慢,有待发展与改善	借助新的投资,道路与交通设施得到快速发展,交通可达性提高	道路与交通设施基本上维持着原有的水平,并无明显提高。需结合整体规划予以逐步改善
		市政基础设施	发展较为缓慢,有待逐步建设完善	设施的配套建设得以快速发展,配套标准提高	设施水平基本上维持着原有水平,需根据整体规划予以改善
		生态环境	整体生态环境较好,并因地域的差异呈现出多样性	因地域和发展差异呈现出多样性,但受新建工业园区产业类型而具有污染影响的较大风险	地域范围扩大提高了整体生态平衡能力,但因现状基础差异而不同,需进行重新规划安排

2.3 农村社区单元规划建设核心内容的思考

2.3.1 规划建设的遵循原则

（1）整体协调可持续发展原则。农村社区布局规划包括产业经济发展、社会文化发展和空间环境发展三个方面的发展布局规划内容,不是单纯的农村物质空间环境建设规划。它以可持续发展思想为指导,整体、系统安排农村社区的经济、社会和环境要素,并协调好三者之间的关系,充分体现"生产发展、生活富裕、乡风文明、村容整洁、管理民主"。

以管理科学化、村民知识化、生活现代化、产业多元化为目标,加强农村社区的规划建设和组织管理,创造良好的生产和生活条件,为促进农村社区经济、社会和环境的协调发展,为建设好我国和谐社会新农村提供必要的技术支撑。

（2）产业经济发展布局规划原则。因地制宜,充分发挥地方资源优势,积极合理发展适应地方资源环境的农村社区经济,体现资源节约、环境友好、经济高效的原则。

协调好农村地域生产生活与生态环境保护之间的关系。在农村社区规划的指导下,合理安排各项生产、生活设施,塑造富有特色的农村社区,努力做到农村自然资源和社会资源的整合。

（3）社会文化发展布局规划原则。以人为本,积极满足村民不断增长的社会文化生活的需要,尊重村民的社会文化发展权利,保护和弘扬地方文化特色,积极营造社会和谐的农村社区。

传统乡村主要是以农业活动为基础而聚集起来的村民生活共同体。其形成过程多具有自发性,存在诸如人口密度低、生产力落后、基础设施缺乏、土地集约使用程度低等问题。

规划发展应根据不同的地域和生产力发展水平条件，控制农村社区的人口规模，引导村民适度集中居住；控制农村户均宅基地面积和合理布局各项设施，提高土地集约节约使用程度。结合当地自然环境、资源条件和社会经济条件，根据人口规模，分级配设农村社区基础设施，做到有利生产，方便生活。

（4）空间环境发展布局规划原则。将农村社区的产业经济发展要求、社会文化发展需要和空间环境规划布局规划有机结合，统筹各项空间要素资源，在农村社区公共服务设施和市政基础设施方面予以合理安排和用地优化配置，营造具有地方乡土特色的社区公共活动场所，体现"循序渐进、节约土地、集约发展、合理布局"。

农村社区规划建设从环境与区域的整体性出发，统筹布局建筑、道路、绿化等，空间要素资源，合理配置各项社区公共服务设施、市政基础设施，创造宜人的农村社区生活环境。

2.3.2 "美丽乡村"产业经济发展的重点思考

在农村产业经济发展方面，应因地制宜，在巩固农业经济发展基础地位的基础上，提倡因地制宜和农村产业多样性，重视农村产业经济发展的资金援助，重点培育和实现乡村自身的经济发展"造血机能"，在确保生态环境质量的前提下，实现乡村经济发展的可持续性。

例如，可以采用通过发展乡村的经济实体，创造多样化的就业机会，实现村民的充分就业，留住本村的青壮年劳动力，并逐步吸引外出进城务工的村民返乡。如果在收入水平同等或稍低的情况下，村民更愿意选择留在家乡。因为这样做不仅可以减少在务工城市生活成本开支，而且还可以照顾老人和孩子，共享天伦之乐。此外，乡村应针对当地的产业基础、发展条件、劳动力文化素质水平和就业方向等因素，整合乡村各类资源，发展以资源为基础的多样化产业，并从区域城乡统筹角度，将乡村的产业经济与空间上联系密切的城镇形成产业链，以促进区域经济联动发展。应与所在的乡、镇的乡村产业经济结构相结合，在提高地方粮食安全保障能力的基础上，加快转变农业生产发展方式，提高农业综合生产力水平、抗风险能力和市场竞争能力。同时，应避免因乡村产业经济发展造成对环境的污染和生态环境的破坏。应在乡村产业经济发展的同时，保护和改善生态环境质量。有条件的乡村应尽快建立乡村产业经济的信息平台，发展农业信息技术，提高农业生产经营信息化水平，依靠科技创新，积极推广农业生产的适用技术，全面普及并逐步提高农村社区产业经济发展的科学知识，促进农村社区地方性技术创新，促进专业性技术创新的合作，促进乡村产业升级。

2.3.3 "美丽乡村"社会文化发展的重点思考

应充分尊重并保护乡土地方文化，注重传承和发扬乡土特色和乡村文明。在改善乡村物质空间环境条件的同时，应注重保留乡村自然和文化景观，对具有乡土景观特色的地形、地貌予以尊重和保护。对于具有历史传统文化价值的村庄居民点、公共建筑和住宅建筑，应根据其文化内涵和价值，选择适当的保留、保护方式，使之得以传承。充分保护并发扬农村社区的社会人文特色。对于乡村的非物质文化遗产，应予以整理和记录，并通过适当方式予以积极传承。应充分重视乡村地方文化多样性特征的保护和传承。通过传统乡土文化特色发展规划，对乡村多样化的物质形态和人文特点进行系统性、整体性保护。

重视规划建设的政策制定，结合地方情况的适宜性，逐步加强乡村规划和建设的村民参与，特别注重培养乡村村民组织带头人（小组）的领导能力，以及开展对村民的知识和技能教育、培训。积极探索和实践乡村人居传统文化的传承与创新之路。

2.3.4 "美丽乡村"空间环境发展的重点思考

当前"美丽乡村"的规划建设须因地制宜地更加注重乡村基本公共设施和基础设施，加强各种用地功能之间的道路与交通联系，提升村庄的对外道路交通能力，包括为乡村产业经济服务和村民居住生活服务的道路设施。满足村民出行可达性要求，即满足村民采用某种交通工具或方式，在合理的时间内达到日常生活需求设施的可能性。

同时，应注重结合乡村地形、地貌和环境资源特征，探索具有风貌特色的多样性发展之路。

应更加注重保护和改善乡村生态环境。当前我国许多乡村生产生活废水、废弃物等排放量，已经远远超出了当地"环境自净功能"所承受的极限，导致乡村环境污染程度加剧严重。尤其是生活、生产污水和垃圾，亟需予以综合治理。而长期以来乡村环境污染治理基础设施资金投入和建设方面的缺位，情况已十分严重。因此，应尽快在国家"以城促乡、以工哺农"的政策环境下，加大对乡村污水环境治理方面的措施力度，在资金、适用技术和建设施工方面予以重点落实，从而着眼于长远发展，从根本上保障"青山绿水"美好家园。

综上所述，只有综合考虑了产业经济、社会文化和空间环境三者因素，才更能反映出关于农村社区"社会生活"的基本内涵。只有考虑了"产业经济、社会文化和空间环境"的"三位一体"的农村社区发展，才更符合农村社区规划的内涵特征。把产业经济发展、社会文化发展和空间环境发展相结合的规划，应成为当前我国开展"美丽乡村"规划建设工作重要理论指导和核心内容。

中篇 规划篇

3

第3章 "美丽乡村"规划类型一：屿头乡沙滩村

　　沙滩村的示范性体现在其积极有效利用上世纪六、七十年代集体建筑和用地，把废弃建筑和土地资源转化为"美丽乡村"规划建设发展的重要契机，体现节能、省地的可持续发展思想，为民生设施建设提供了广阔天地。

　　首先，沙滩村所保留的公共建筑质量较高，具有改造的可实施性。由于这些公共建筑建设于人民公社时期，当时村民们对于乡村公共建筑的建设投入了极大的热情，导致大部分闲置公共建筑至今保留完整，框架结实，体现出较高质量的砌砖工艺，具有较好的观赏和使用价值。

　　其次，再利用后的公共建筑仍具有合理的服务半径。这些闲置的旧公共建筑多为当时的各种福利设施，如公共食堂、托儿所、幼儿园及养老院等，其所处的区位多位于村庄较为中心的位置。

　　最后，土地产权方面具有可操作性。在如今改革征地制度的背景下，对乡村大规模的拆迁将难以实施，因而乡村应强调空间环境的改善，空间梳理更新。乡村公共建筑的产权为政府所有，不存在向农民征地的问题，也不占用基本农田。

3.1 类型概述

屿头乡沙滩村作为台州市黄岩区"美丽乡村"建设的一个重要范例，它具有较为典型的意义。基于对沙滩村所在的屿头乡总体产业经济、社会文化和空间环境现状情况的调查分析，明确了沙滩村"美丽乡村"建设的目标和重点任务，包括"乡域层面"的社会经济发展、"村域层面"的社会文化建设、"村庄层面"空间环境建设等三个方面。

沙滩村作为屿头乡政府的驻地，它经历了一个漫长历史发展时期。原有围绕"太尉殿"所展开的老街巷、村民住宅和上世纪六、七十年代的乡公所等一系列集体权属的公共建筑和场地，基本处于衰退和被废弃的状态。进入 2000 年之后的沙滩村村庄建设，从空间格局上基本"抛弃"了原有的老街巷，开辟了新区，增加了新的乡政府、卫生院、菜市场和多层住宅等一系列新建筑。这更加速了原有老街巷村庄设施的弃置。本次规划，通过对乡村废弃公共建筑设施和场地的调查研究，因地制宜，加以再利用。具体措施是：（1）在"乡域层面"，把原有废弃的老街巷及其周边公共设施和场地，作为乡政府驻地集镇总体规划未来发展中的"文化功能区"和"旅游集散服务中心"，从功能更新上"激活"（或"拯救"）逐渐被遗忘的老街巷，赋予了餐饮、旅游服务等第三产业的发展机会；（2）在"村域层面"，以"太尉殿"宗教文化活动为契机，通过整治违章搭建设施和废弃公共建筑和场地，规划建设"社戏广场"，一方面扩大了以"太尉殿"为核心的宗教文化活动的规模容量，为村民所喜闻乐见，另一方面，社戏广场作为多功能的意图，又承载了诸如"村民文化礼堂"等新的文化活动功能，从而成为沙滩村社区单元的社会文化发展载体；（3）在"村庄层面"，通过一系列重要节点项目，诸如改造废弃的兽医站、乡公所、卫生院、粮管所等，增设公共厕所，新

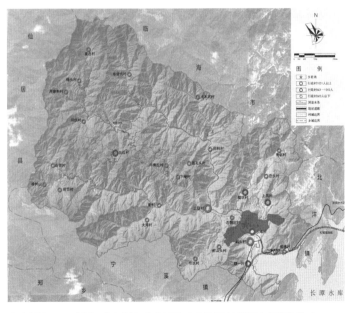

（资料来源：《浙江省台州市黄岩区屿头乡沙滩村美丽乡村规划》）

（a）沙滩村在屿头乡的区位　　　　　　　　（b）沙滩村与邻近村庄关系

图 3-1　沙滩村的位置

建社戏广场和戏台，疏浚整治河道，增加村民活动场地等，既作为"产业经济"和"社会文化"活动发展的物质基础，而且本身也体现了美丽乡村的自然风貌和人文魅力。

以下从沙滩村所在的屿头乡乡域层面开始，到沙滩村村域和村庄，系统阐释"美丽乡村"规划理念和规划措施。

3.2 沙滩村所在的屿头乡乡域背景

3.2.1 区位与总体概况

屿头乡地处浙江省台州市黄岩区西北部，长潭水库上游，东临北洋镇，南接宁溪镇，西靠仙居县朱溪镇，北连临海市尤溪镇，见图3-2。乡政府设于沙滩村，距黄岩城区30公里。乡域面积98.9平方公里，是黄岩区面积最大的乡，占全区面积的1/10。屿头乡共辖28个行政村，98个自然村，256个村民小组。2012年屿头乡总人口为14277人，总户数为4383户（2012年《台州市黄岩区统计年鉴》）。

屿头乡属纯山区乡，自然地理环境为"九山半水半分田"。乡域地形大体是西北高、东南低，耕地大多沿主干河流依山分布在峡谷之中，境内千米以上山峰有纺车岩、礁岩、高尖顶，最高峰纺车岩海拔1171米。地质主要成分为凝灰岩和砂页岩。屿头乡森林资源丰富，全乡森林覆盖率达82.17%，有生态公益林面积5053.4公顷，耕地面积625.3公顷。

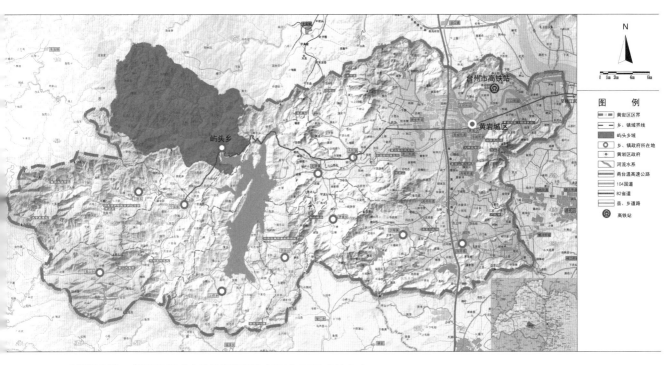

（资料来源：《黄岩区屿头乡总体规划修编（2013-2030年）》）

图3-2 屿头乡区位分析图

3.2.2 乡域产业经济概况

屿头乡 2012 年农村经济总收入 26114 万元，农村从业人员 8111 人，从业人员结构见图 3-3，以从事第一产业为主，占总从业人员的 35%。屿头乡第一产业以种植水果为主；第二产业以生产塑料制品、纸质品等制造业为主；第三产业以零售业为主，少量发展旅游业。

屿头乡产业结构现状以第一产业为主，第二产业为辅，第三产业正逐渐起步。农民的收入来源主要为农业种植。由于山区地形环境和交通条件制约，工业发展受限，从业人员以本地人为主。旅游业基础配套设施较差，发展尚未成熟。

屿头乡农林牧渔业劳动力人数在全区范围内并不占优势，但人均农业总产值较高。

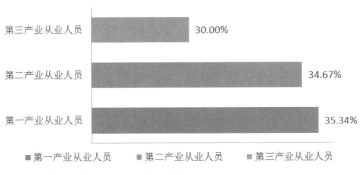

（资料来源：2012 屿头乡农村基本情况报表）

图 3-3 2012 年屿头乡三次产业从业人员

3.2.3 乡域人口

2007 年至 2012 年期间，屿头乡总人口变化较为缓慢，总体上呈下降趋势。农业人口变化趋势与总人口一致，如图 3-4。2012 年，屿头乡中人口最多的是三联村，1428 人，人口最少的是凉树山村，92 人，如图 3-5 所示。

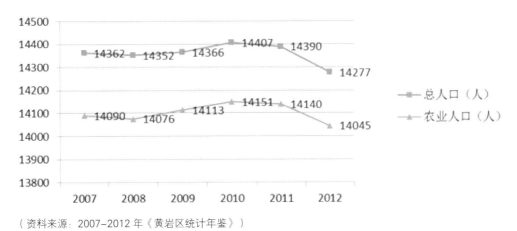

（资料来源：2007-2012 年《黄岩区统计年鉴》）

图 3-4 屿头乡 2007-2012 年人口变化趋势图

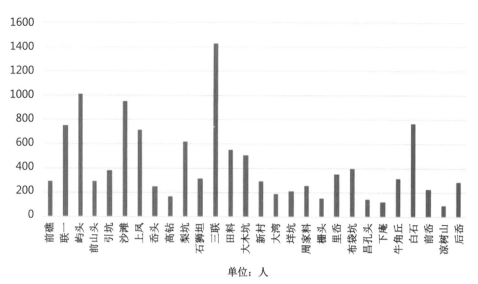

（资料来源：2012 年《黄岩区统计年鉴》）

图 3-5　屿头乡 2012 年乡域人口分布图

3.2.4　乡域土地使用现状

屿头乡行政面积 9890.18 公顷。农用地面积为 9602.96 公顷，占土地总面积的 97.10%。其中耕地面积为 625.30 公顷，占土地总面积的 6.32%；园地面积为 682.71 公顷，占土地总面积的 6.90%；林地面积为 8126.38 公顷，占土地总面积的 82.17%；其他农用地面积为 168.58 公顷，占土地总面积的 1.70%。

表 3-1　　　　　　　　　　屿头乡土地使用现状汇总表

用地			面积（公顷）	比例
土地总面积			9890.18	100.00%
农用地		小计	9602.96	97.10%
		耕地	625.30	6.32%
		园地	682.71	6.90%
		林地	8126.38	82.17%
		牧草地	—	—
		其他农用地	168.58	1.70%
建设用地		小计	131.84	1.33%
		城乡建设用地	113.42	1.15%
		交通水利用地	17.92	0.18%
		其他建设用地	0.49	0.00%
未利用地		小计	155.38	1.57%
	水域	河流水面	115.25	1.17%
		湖泊水面	—	—
		滩涂沼泽	—	—
	自然保留地		40.13	0.41%

资料来源：根据 2006 年《黄岩区屿头乡土地利用总体规划》数据整理

屿头乡山多耕地少，耕地布局分散，由于受到山地条件的影响，村民点分布分散，大多数村民居住用地沿柔极溪两侧、X219县道两侧、Y026乡道两侧以及山冲分布。

屿头乡建设用地面积为131.84公顷，占土地总面积的1.33%。其中城乡建设用地面积为113.42公顷，占土地总面积的1.15%；交通水利用地面积为17.92公顷，占土地总面积的0.18%；其他建设用地面积为0.49公顷，占土地总面积的比例小于0.01%。

3.2.5 乡域村庄体系

屿头乡各村人口规模在1000人以上及601~1000人的行政村共7个，大多分布在柔极溪两岸，高程200米以下的低丘缓坡地区。人口规模600人以下的行政村共21个，多分布在西部交通不便利的山地，如表3-2所示。

表3-2 屿头乡村庄等级规模现状一览表

等级	人数（人）	行政村个数（个）	行政村
小型	200以下	5	昌孔头村*、大湾村、栅头村、凉树山村*、下庵村*
中型	201~600人以下	16	里岙村、布袋坑村、周家寮村、垟坑村、大木坑村*、后岙村、前岙村、牛角丘村、田料村、新村、高钻村、岙头村、石狮坦村、前山头村、引坑村、前礁村
大型	601~1000人	5	梨坑村、上凤村、沙滩村、联一村、白石村
特大型	1000人以上	2	三联村、屿头村

标注*的为远期规划撤并的村庄。
资料来源：2008~2012年《屿头乡农村基本情况》

屿头乡自然村包括屿头、沙滩、石狮坦、上陈、宅上、大丘兀、岩下、梨坑、白石垟、横堂洪脚、白石、后岙、黄石坦、冷水坑、引坑、田料、垟坑、横堂洪脚等。

《黄岩区屿头乡总体规划修编（2013-2030年）》中，以集镇（屿头村、石狮坦村、沙滩村）为核心，规划5个中心村，6个次中心村，13个基层村。结合中心村、次中心村的布局，根据地形、交通、资源条件和基础设施服务半径等要素影响，布局基层村。形成集镇—中心村—基层村三级村庄体系空间布局结构，如图3-6所示。

3.3 产业经济

3.3.1 屿头乡乡域产业经济分析

屿头乡已初步形成高山蔬菜、笋竹、枇杷、杨梅四大特色农业产业体系，是黄岩区西部山区农产品销售的重要平台，初步形成台州市重要的高山优质农产品基地。屿头乡的工业主要为制造业，主要生产塑料制品、纸质品以及加工木材等。屿头乡第三产业以零售业为主，旅游业正在发展。

屿头乡整体产业经济水平发展相对落后，但土地总面积较大，具有较好的山地自然资源，生态环境优势明显。经济产业发展充分结合屿头乡的山水资源优势，发展以有机农业和文化旅游为主的生态友好型产业，如图3-7所示。

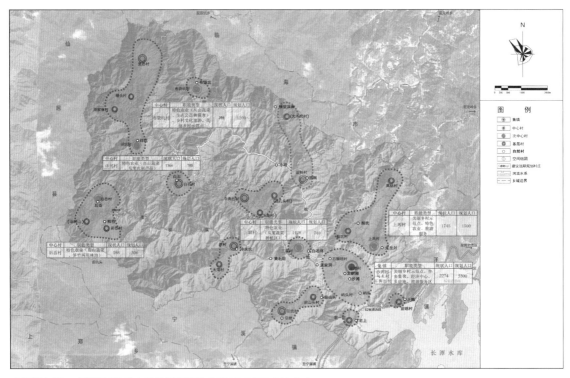

（资料来源：《黄岩区屿头乡总体规划修编（2013-2030年）》）

图3-6　屿头乡乡域村庄体系规划图

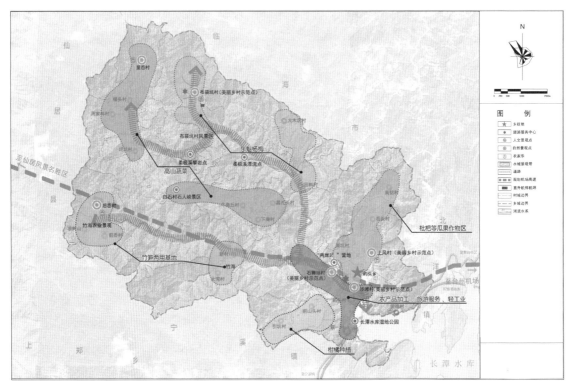

（资料来源：《黄岩区屿头乡总体规划修编（2013-2030年）》）

图3-7　屿头乡乡域产业布局引导图

在屿头乡的乡域产业发展布局中,沙滩村作为旅游服务集散中心,以美丽乡村示范点(沙滩村、石狮坦、上凤、布袋坑)为核心景点,串联长潭水库湿地公园、"两岸三度"营地、柔极溪漂流点、柔极溪攀岩点、白石"石人峡景区"、竹海景观区等景点,结合各村农业景观与历史文化资源,发展特色旅游经济。乡域产业经济布局分为六个片区,沙滩村位于农产品加工和轻工业产业发展区,如图 3-8 所示。

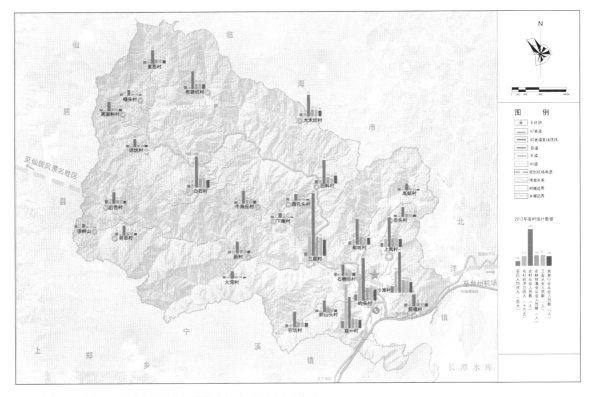

(资料来源:《黄岩区屿头乡总体规划修编(2013-2030 年)》)

图 3-8 屿头乡乡域社会经济位势分析图

3.3.2 沙滩村村域产业经济与发展目标

3.3.2.1 沙滩村产业经济发展现状

沙滩村自然资源丰富,果蔬品种多样,四季更迭。村域范围内具有林地面积约 130 公顷,约占总用地面积的 70%,盛产枇杷、茶叶等;从 2008 年以来,沙滩村第一产业农民经济总收入呈现逐年递增的趋势,其中主要收入来源为种植业,但是至 2012 年,种植业呈下降趋势,其他农业收入增加,说明第一产业中,除了种植业以外,产业种类增多,产值和收入也相应提高,见表 3-3。

表 3-3						沙滩村第一产业总收入	单位：万元
业态 年份	农业收入		林业收入	牧业收入	渔业收入	总产值	小计
	种植业收入	其他农业收入					
2008 年	514	48	15	15	—	592	562
2009 年	528	70	15	15	—	628	598
2010 年	581	77	15	15	—	688	658
2012 年	483	156	37	60	—	736	639

资料来源：农村集体经济收益分配情况统计表

沙滩村第二产业以塑料加工业和农产品加工业为主，据屿头乡政府的统计报表，截至2013 年 8 月，沙滩村共有 11 家企业，分别为幸运塑料厂、红光塑料厂、长丰纸箱、尔东塑业、平安纸箱厂、幸运塑胶、奥华文具办公用品厂、米正纸塑、福运塑料厂、黄岩万事发纸箱、安兴纸箱厂，较小的企业年产值为 100 万元左右，较大的企业年产值近 9000 万，从业人员近 200 人，人均年收入 4 万 ~5 万元左右，见表 3-4。沙滩村企业的发展基本解决了本地的劳动力就业。

表 3-4	沙滩村第二产业农民经济总收入		单位：万元
年份	工业收入	建筑业收入	总产值
2008 年	2098	31	2129
2009 年	2143	10	2153
2010 年	2322	11	2333
2012 年	2260	20	2280

资料来源：农村集体经济收益分配情况统计表

沙滩村第三产业有农家乐和部分休闲旅游项目，现状旅游服务设施发展不完善。近几年旅游业开始发展，太尉殿是重要的旅游吸引点，吸引大量游客。同时沙滩村又是黄岩区西部山区旅游的重要集散地，是通过石狮坦"两岸 3°"、布袋山旅游风景区、上凤村枇杷节等旅游景点的必经之路。伴随旅游业的发展，各种农家乐、旅馆等配套设施逐步完善，服务业呈加速发展态势，就业人口比重不断扩大，见表 3-5。

表 3-5		沙滩村第三产业年收入			单位：万元
年份	运输业收入	商饮业收入	服务业收入	其他收入	总产值
2008 年	43	96	62	37	238
2009 年	43	105	66	42	256
2010 年	47	116	73	42	278
2012 年	53	111	83	96	343

资料来源：农村集体经济收益分配情况统计表

3.3.2.2 沙滩村产业发展总体目标

沙滩村村庄以太尉殿和社戏广场为中心，使之成为村域文化和产业经济发展的主要载体，以培养旅游文化和养生服务产业为主导。沙滩村积极发展有机农业、传统农产品加工业和旅游服务产业。

利用现有产业特色，发展农产品加工业，实现农业高效化、生态化、品牌化、标准化发展，提高农产品的附加值。在产业结构调整中，特色农业显现出引领作用，使其成为屿头乡的农产品加工和交易配送中心。

沙滩村应及时调整传统塑料制品加工企业产品结构，严格控制塑料制品在生产过程中造成的对空气和水的污染，必要时应搬迁此类工厂，以免造成对环境的污染和旅游文化产业的严重影响。

3.3.2.3 沙滩村第三产业发展目标

沙滩村目前有农家乐和部分休闲旅游项目，尚待进一步整合发展。规划着力将沙滩村建设成为"台州市黄岩区西部山区旅游服务集散中心"，建设为黄岩区屿头乡西部山区旅游信息中心，建成全市的旅游网络点。

充分挖掘沙滩村内蕴藏的历史传统文化内涵，结合太尉殿和社戏广场，传承"柔川书院"的文化精髓，引进著名老中医，传承传统养生文化，发展有地方特色的农耕文化，形成"道教文化—儒家文化—中医养生文化—农耕文化—建筑文化"五大文化集聚区，以此为基础，发展沙滩村旅游服务产业。

3.3.3 沙滩村村庄产业经济规划引导

沙滩村的第三产业以旅游文化和养生服务产业为主导，分布在村庄居民点内部。策划一年四季的旅游线路，扩展旅游产业的发展，如图3-9所示。

3.4 社会文化

3.4.1 屿头乡乡域社会文化概况

屿头乡地形起伏较大，山水文化旅游资源丰富。特色资源主要包括历史文化资源及景观资源。拥有以沙滩村太尉殿为中心的道家文化、儒家书院文化，以布袋坑村为中心的佛教文化。目前屿头乡旅游景点共有7处，但仍存在历史文化资源挖掘不深，旅游业发展缓慢的问题。尤其是太尉殿的宣传力度不够，对于相关配套设施的投资不足，旅店、餐饮、服务等配套设施难以满足未来发展需求。同时，乡村文化、手工艺产品等未能有效开发。因此需对历史文化资源进一步挖掘、整合提升，并利用柔极溪漂流、上凤枇杷节、布袋坑特色乡村景观的发展带动全乡旅游业发展（表3-6）。

表 3-6　　　　　　　　　　　屿头乡旅游景点（区）一览表

编号	景点（区）	所在地	类型	旅游接待规模
1	布袋山景区与布袋坑村	布袋坑村	自然景观＋农家乐	农家乐8家
2	洋坑	洋坑村	农家乐	农家乐1家
3	太尉殿	沙滩村	历史文化宗教景观	农家乐1家
4	两岸3°营地	石狮坦村	人文景观	—
5	石人峡景区	白石村	自然景观	—
6	柔极溪漂流	布袋山与石人峡景区下游	自然＋人文景观	—
7	屿头乡枇杷核心基地（枇杷节）	上凤村	人文景观	—

资料来源：黄岩区屿头乡基础资料汇编.2013

春

三月	四月	五月
	·清明节	·劳动节

爬山 植树
野炊 骑马

春季活动以春游踏青为主，包括爬山、植物、野炊和骑马等。

夏

六月	七月	八月
	·端午节	

水上运动 枇杷采摘
杨梅采摘 蜜桃采摘

夏季是沙滩村各类水果成熟的季节，主要活动有水果采摘与水上消暑运动。

秋

九月	十月	十一月
	·中秋节	

橘子采摘 社戏活动
书院文化展 棋文化展

秋季以文化活动为主，包括社戏活动、书院和棋文化展等。同时也是橘子成熟的时节。

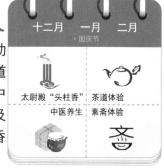

冬

十二月	一月	二月
	·国庆节	

太尉殿"头柱香" 茶道体验
中医养生 素斋体验

秋季以养生活动为主，包括茶道和素斋体验、中医养生等，以及新年上"头柱香"的习俗活动。

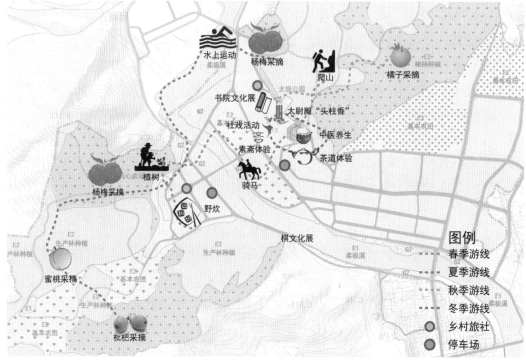

图 3-9　沙滩村村域四季旅行策划示意图

3.4.2 沙滩村社会文化内涵与传承创新

3.4.2.1 沙滩村五大文化内涵

（1）道教文化。沙滩村的太尉殿是为纪念少年英雄黄希旦奋力救火而牺牲的英勇事迹。太尉殿建于宋代开庆末年（1259），距今已有755年。太尉殿内目前仍有石碑标注元贞乙末年记事。太尉殿前有3人合抱巨樟5棵。自太尉殿建殿以来，香火不断，每逢农历十月一日会举办社戏活动，享誉台州。道教思想体现在当下就是要养我德行、济世利人（图3-10，图3-11）。

（图片来源：作者拍摄）

图3-10　太尉殿内碑牌（元朝元贞乙末年，1295年）

（2）儒家文化。沙滩村太尉殿西北面建筑是台州著名的柔川书院的原址。柔川书院是宋代黄超然之子黄中玉所建，为了祀二程朱子即程颢、程颐和朱熹，此后隐居柔川的元朝诗人潘伯修精通天文地理律历，在此著书执教，延续前朝的书香墨韵。据记载，朱熹曾在此讲学。

（3）中医养生文化。沙滩村所处黄岩西部山区，气候宜人，空气清新，适宜"慢生活"和"修养身心"。随着人们生活节奏的加快，生存环境不断变化，亚健康群体日益增加，公众的健康问题也越来越突出。而养生则是为了培养生机、预

（图片来源：作者拍摄）

图3-11　太尉殿正殿

防疾病、延年益寿。这些与人们当前的需求相契合。从整个社会的需求来看，中医养生将是养生服务业未来的发展方向之一。策划引进国内著名中医，设置名医会诊室，消除疑难杂症，经络养生，在继承传统中医文化的同时增加当地的经济收入。

（4）建筑文化。沙滩村的太尉殿片区保留了一系列20世纪70年代的建筑，主要有原乡公所、供销社、食堂、兽医站等。建筑保留完整，建筑质量良好，外墙是直接由砖墙砌成的清水墙面，进行简单的勾缝，灰浆饱满，砖缝规范美观，具有较好的观赏和使用价值。随着生产生活方式的改变，这些公共建筑失去了原有的使用功能，并常年处于弃置状态。规划保留原建筑外观，对内部进行改造和修固，重新植入功能，同时对建筑外的场地空间进行改造，使得废弃的建筑和环境功能再生。

（5）农耕文化。起源于"男耕女织"的农耕文化，是由农民在长期农业生产中形成的一种抽象概括。沙滩村农耕文化集合了儒家文化及各类宗教文化为一体，形成了自己独特文化内容和特征，主要包括语言、戏剧、民歌、风俗及各类祭祀活动等。让来自城市的游客能充分感受农耕的辛苦和乐趣，切实的体会到"一份耕耘、一份收获"的真谛。

3.4.2.2 沙滩村社会文化传承创新

规划建设以上"五大文化"集聚示范区。以太尉殿道教文化为特色，展示传统宗教文化内涵，学习传说故事中少年英雄睦邻安邦的优秀道德品质；深入挖掘柔川书院的儒家文化精神遗产，营造当代读书学习的良好氛围；修缮更新1960—1970年代的废弃公共建筑，改造具有浓厚地方特色的民居建筑和传统老街，形成别具特色建筑文化，同时体现节能省地和可持续发展原则。培育与道教文化密切相关的中医养生文化，设置名医会诊，形成养生文化品牌和活动的集聚地。培植新时代的农耕文化，体现乡村生态经济的新景观。

3.4.3 沙滩村社会文化设施规划引导

沙滩村太尉殿周边街区分布着一系列建筑质量良好的废弃公共建筑和场地。规划将这些建筑进行改建修造，并注入相应的新功能，使之成为农村社区社会文化功能再生的生长点，见图3-12及表3-7。

表3-7　　　　　　　沙滩村太尉殿周边街区建筑现状及改规划功能表

建筑年代	过去功能	现在功能	新功能
1970 年代	乡政府所在地（邮政局、信用社、广播站）	明鹿工艺品厂	乡村旅店
1970 年代	粮站	临时住房	民宿
1970 年代	卫生院职工住宿	闲置	乡村设计工作室
1970 年代	卫生院	国家电网（闲置）	柔川书院
1980 年代	公共厨房	仓库	名医讲堂
1970 年代	供销社	临时工厂	中医养生馆
1970 年代	兽医站	闲置	旅游信息服务中心

资料来源：黄岩区屿头乡基础资料汇编.2013

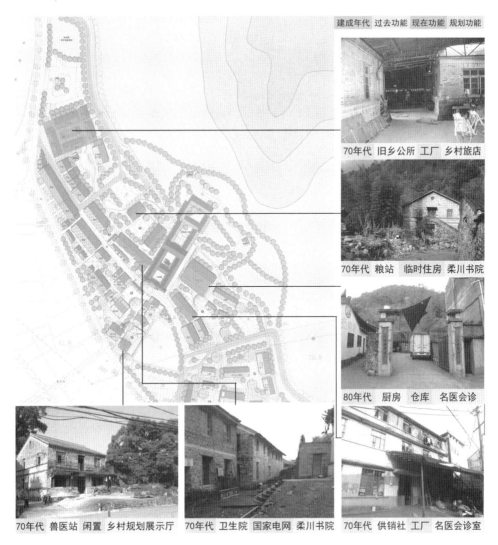

图 3-12　沙滩村太尉殿周边街区废弃公共建筑现状及改造后的新功能（部分）

3.5　空间环境

3.5.1　沙滩村人口规模变化趋势

3.5.1.1　沙滩村人口基本情况

根据沙滩村《农村基本情况》统计表，到 2013 年八月初，沙滩村共有村民小组 18 个，总户数为 308 户，户籍人口为 1202 人，其中男性为 640 人，女性为 562 人，男女比例为 100∶89。

2008 年至 2012 年期间，沙滩村户籍人口发展呈现缓慢增长趋势，年平均增长率约为 10‰。见表 3-8。

根据屿头乡政府的人口统计资料，沙滩村成年人（18~60

表 3-8　　沙滩村人口变化一览表（2008-2012 年）

年份（年）	户数（户）	人口（人）	户籍人口增长率（‰）
2008	312	1067	—
2009	312	1074	6.6
2011	308	1084	9.3
2012	309	1097	12.0

资料来源：根据 2008-1012 年《农村基本情况》数据整理

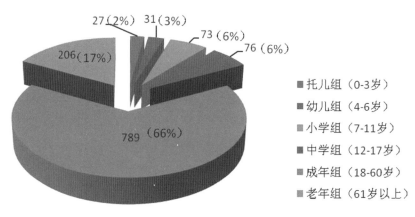

图 3-13　沙滩村年龄结构分析图（2012 年）

岁）占总人口的 66%，劳动力资源丰富。现有托儿（0~3 岁）和幼儿 58 名（4~6 岁），老年人（61 岁以上）数量较多，占总人口的 17%，如图 3-13。

2008—2012 年沙滩村劳动力总数呈缓慢增长趋势，农村从业人员数也随着劳动力的量增长而增加。根据历年数据，沙滩村农村劳动力总数占总人口的比例逐年增加，相对农村劳动力资源总数，农村从业人员数相对稳定，保持在总人口数的 57%，见表 3-9。

表 3-9　　　　　　　　　　沙滩村劳动力就业情况　　　　　　　　　　单位：人

年份	农村从业人员			劳动年龄内从业人员	在村从业人员
	男	女	小计		
2008	307	269	576	558	398
2009	309	305	614	558	436
2011	320	306	626	580	329
2012	332	308	640	587	338

资料来源：根据 2008—1012 年《农村基本情况》数据整理

表 3-10　　　　　　　沙滩村劳动力资源和各产业从业人数　　　　　　单位：人

年份	农、林、牧、渔业从业人员					工业从业人员	建筑业从业人员
	合计	农	林	牧	渔		
2008	217	124	35	51	7	163	56
2009	217	124	35	51	7	192	56
2011	202	109	38	44	11	186	82
2012	198	93	49	50	6	189	87

资料来源：根据 2008—1012 年《农村基本情况》数据整理

在农村从业人员中，2008—2012 年沙滩村第一产业从业人员比例下降，第二产业从业人员比例上升，并且上升较快，第三产业从业人员比例呈现缓慢增长趋势。该数据反映了农村的劳动力分布正从第一产业向第二、三产业转移。见表 3-10。

3.5.1.2　农村人口转移趋势和规模预想

从屿头乡《农村基本情况》中可知，在 2008—2012 年期间，常年外出务工劳动力为 200—300 人之间，占全村总人口的 17%~27% 之间，占农村劳动力总数的 25%~40%。在常

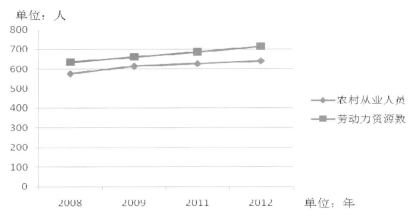

（资料来源：根据 2008–1012 年《农村基本情况》数据整理）

图 3–14 沙滩村农村劳动里资源数、农村从业人员变化示意图（2008–2012 年）

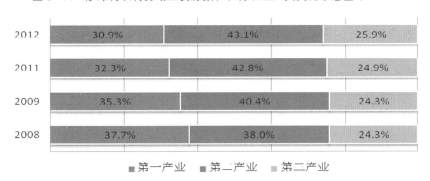

（资料来源：根据 2008–1012 年《农村基本情况》数据整理）

图 3–15 沙滩村农村从业人员产业分布变化示意图（2008–2012 年）

年外出务工人员中，约占 20% 的人员出省务工，其余在邻近的县市务工，仅少部分农村劳动力常年外出务工，如图 3–14、3–15 所示。

沙滩村作为未来屿头乡政府驻地的集镇文化功能区，文化旅游项目集聚将会吸引大量游客，旅游从业人员和后勤服务人员数量将会增长较快。同时，安置小区的建设、公共设施的完善，将吸引外出劳动力回流。

基于屿头乡乡域的村庄布局规划，沙滩村作为屿头乡集镇的重要组成，远期常住人口规模预想为 5000 至 6000 人左右。

3.5.2 村域土地使用规划

3.5.2.1 用地适宜性评价

沙滩村位于山地丘陵地区，需对沙滩村土地的高程、坡度和坡向进行分析才能因地制宜。高程分析按照每 50 米一个梯度，把沙滩村村域内的土地分为 8 个梯度。沙滩村基本属于低平原和高平原之间，现状建设用地的高程基本位于 35 米~85 米的梯度内。坡度分析按照土地适用程度，把坡度划分为 0~8%，8%~15%，15%~25% 和 > 25% 四类。沙滩村域内 35% 的用地坡度是在 0~8%。平坦的地形相对集中，适合于建设与发展，东坞的沿山地部分坡度比较大，项目建设需预留安全防护区。坡向影响建设用地功能类型的分布，尤其是对住宅用地的布局。东南坡向的用地较适于作为村民住宅用地使用。东坞的用地适宜布置旅游项目区等。如图 3-16、图 3-17、图 3-18 所示。

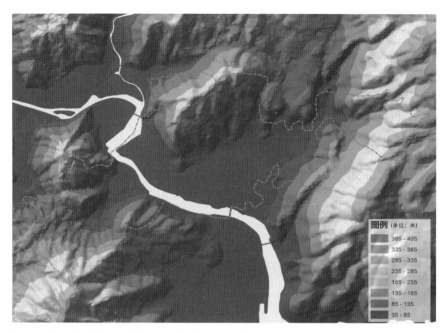

（资料来源：《浙江省台州市黄岩区屿头乡沙滩村美丽乡村规划》）

图 3-16　沙滩村村域高程分析图

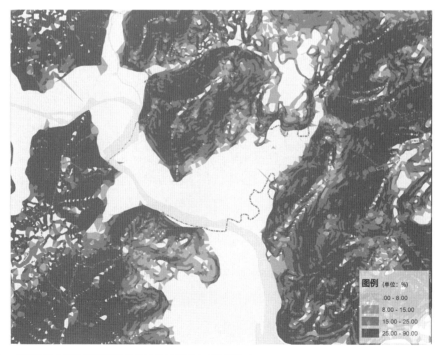

（资料来源：《浙江省台州市黄岩区屿头乡沙滩村美丽乡村规划》）

图 3-17　沙滩村村域坡度分析图

（资料来源：《浙江省台州市黄岩区屿头乡沙滩村美丽乡村规划》）

图 3-18　沙滩村村域坡向分析图

3.5.2.2　沙滩村村域用地现状

沙滩村建设用地主要分布于柔极溪两岸，计 16.44 公顷，占村域面积的 8.60%。农用地为 159.02 公顷，占总用地的 83.12%。其中园地主要为桔林种植、枇杷种植和杨梅种植。未利用地为 15.84 公顷，占总用地的 8.28%。现状的人均建设用地指标为 172.7m²/人。见图 3-19 及表 3-11。

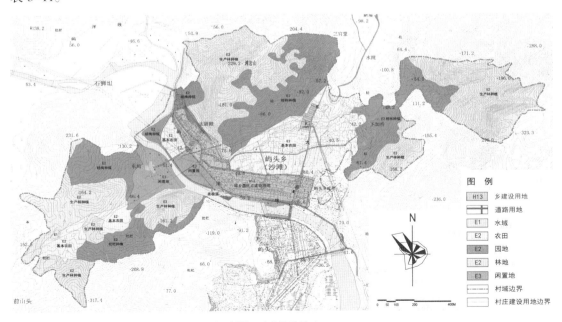

（资料来源：《浙江省台州市黄岩区屿头乡沙滩村美丽乡村规划》）

图 3-19　沙滩村村域用地现状图

表 3-11   沙滩村村域现状用地平衡表（2013 年）

用地		面积（公顷）	比例
土地总面积		191.30	100.00%
农用地	小计	159.02	83.12%
	耕地	32.06	16.76%
	园地	51.95	27.16%
	林地	75.00	39.21%
建设用地	小计	16.44	8.60%
	城乡建设用地	13.45	7.03%
	交通水利用地	2.99	1.56%
未利用地	小计	15.84	8.28%
水域	河流水面	6.57	3.43%
自然保留地		9.28	4.85%

3.5.2.3 沙滩村村域土地使用规划

根据屿头乡土地使用总体规划（2006—2020 年），沙滩村的建设用地范围为 23.3 公顷。但根据台州市黄岩区高山移民政策，2013 年新批准 4.2 公顷基本农田转换为高山移民小区使用，因此规划建设用地为 27.5 公顷，见图 3-20。

由于沙滩村将成为屿头乡集镇文化功能区，旅游项目将获得较快发展，相应公共设施

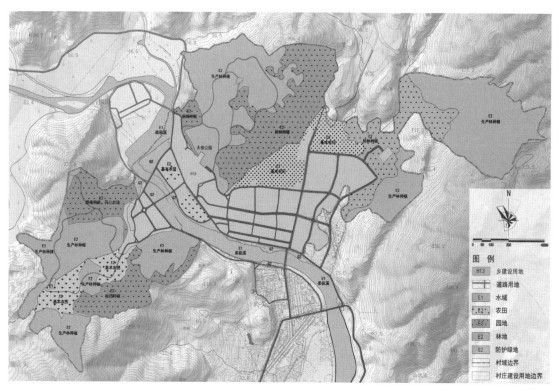

（资料来源：《浙江省台州市黄岩区屿头乡沙滩村美丽乡村规划》）

图 3-20   沙滩村村域土地使用规划图

配套建设将会增加。因此考虑增加适当的发展备用地。见表3-12。

表 3-12　　　　　　　　　沙滩村村域规划用地平衡表

用地		面积（公顷）	比例（%）
土地总面积		191.30	100.0
农用地	小计	146.51	76.6
	耕地	26.90	14.1
	园地	47.24	24.7
	林地	72.36	37.8
建设用地	小计	27.50	14.4
	城乡建设用地	22.76	11.9
	交通水利用地	4.24	2.2
未利用地	小计	11.54	6.0
水域	河流水面	11.54	6.0

3.5.3　村域公共设施和市政设施规划

沙滩村作为屿头乡集镇的一部分，其道路交通对外的衔接、公共服务设施的布局以及市政设施的配置，均需要从村域层面分析与周边村庄的关系。

对外道路交通方面，屿洋线为穿越沙滩村的县道。为避免过境交通对村庄的干扰，规划一条与屿洋线平行的道路以缓解未来的交通压力。同时，东坞目前的交通可达性不强。根据未来规划的旅游服务集散中心的定位，在屿头村与东坞之间开辟一条道路，最后汇集至屿洋线。此外，规划一条联系石狮坦村与东坞道路，但由于现状实施难度较大，可作为远期建设考虑。如图3-21、图3-22所示。

公共服务设施方面，沙滩村未来主要承担全乡行政与文化服务的功能。现状的公共服务设施主要集中在乡政府附近，基本满足需求。沙滩村内没有幼儿园，村内的学龄儿童需要到南面的屿头村就读幼儿园和小学。随着高山移民小区的建设，需在沙滩村增设一所幼儿园，如图3-23、图3-24所示。

市政基础设施规划主要包括以下内容：①给水工程设施规划。近期在沙滩村的西北面山地上建设给水塔，远期在北边的石狮坦村建设一处给水厂，作为沙滩村和集镇的主要供水设施。②排水工程设施规划。雨水采用明渠和雨水管网方式就近排入自然水体中。在集镇的南边屿头村结合生态湿地建设一处污水处理厂。污水南、北分区收集进行生态化处理并集中进入污水处理设施。③供电工程设施规划。现状供电基本满足生产、生活需求，并已实现联网供电，因此无需增设电力供电设施，需对现状供电线路做一定的调整，以及对新建的区块敷设新的电力管线。④通信工程设施规划。沙滩村域内北部已有一个电信收发塔，一个邮政局。规划电信线路沿村内主要道路设置。⑤环境卫生设施。由于村庄用地的扩展，现状的垃圾转运站与新建安置小区的距离太近，因此将其搬迁至村域的东北面。同时，全面改造露天旱厕，按300m半径规划新建若干处公共厕所。如图3-25、图3-26所示。

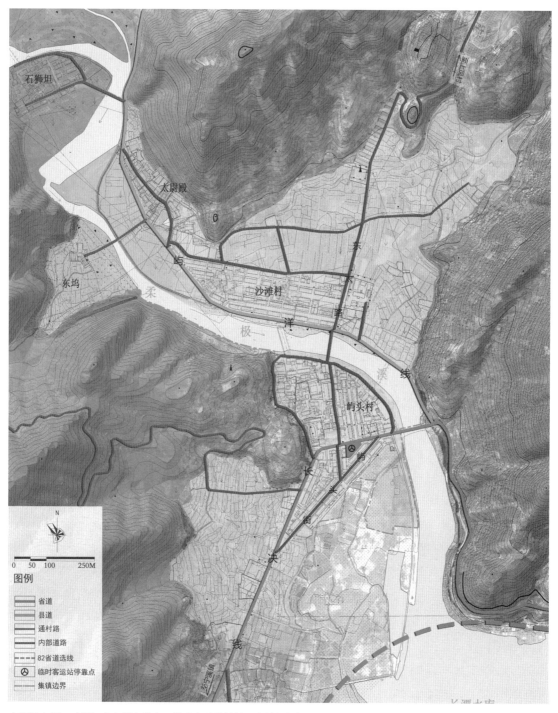

（资料来源：《浙江省台州市黄岩区屿头乡沙滩村美丽乡村规划》）

图 3-21 沙滩村对外道路交通现状图

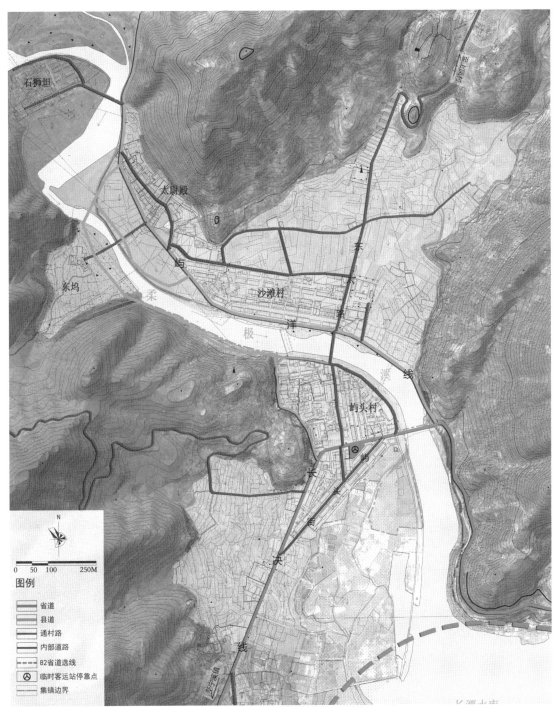

（资料来源：《浙江省台州市黄岩区屿头乡沙滩村美丽乡村规划》）

图 3-22　沙滩村对外道路交通规划示意图

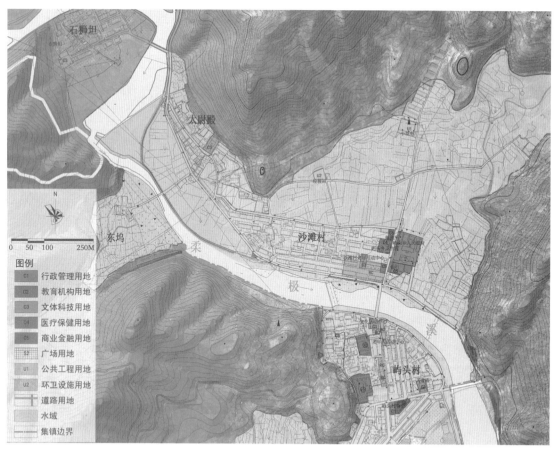

（资料来源：《浙江省台州市黄岩区屿头乡沙滩村美丽乡村规划》）

图 3-23　屿头乡集镇公共服务设施现状图

（资料来源：《浙江省台州市黄岩区屿头乡沙滩村美丽乡村规划》）

图 3-24　屿头乡集镇公共服务设施规划示意图

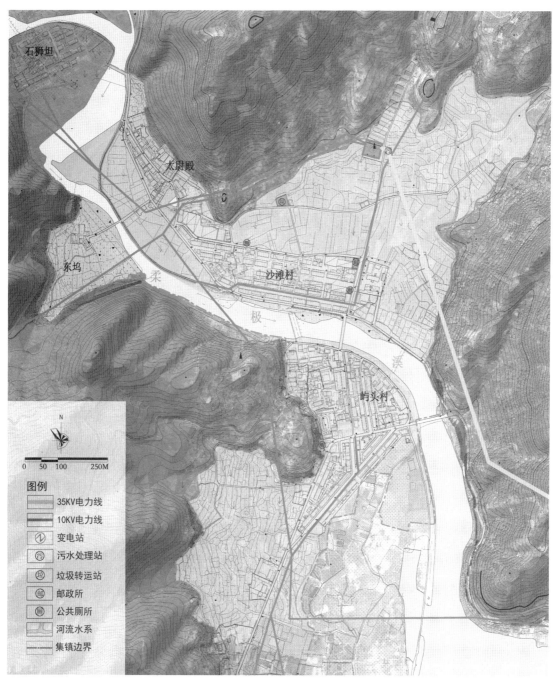

图例

	35KV电力线
	10KV电力线
①	变电站
污	污水处理站
垃	垃圾转运站
邮	邮政所
厕	公共厕所
	河流水系
	集镇边界

石狮坦

太尉殿

东坞

沙滩村

柔

极

溪

屿头村

〔资料来源:《浙江省台州市黄岩区屿头乡沙滩村美丽乡村规划》〕

图 3-25　屿头乡集镇市政基础设施现状示意图

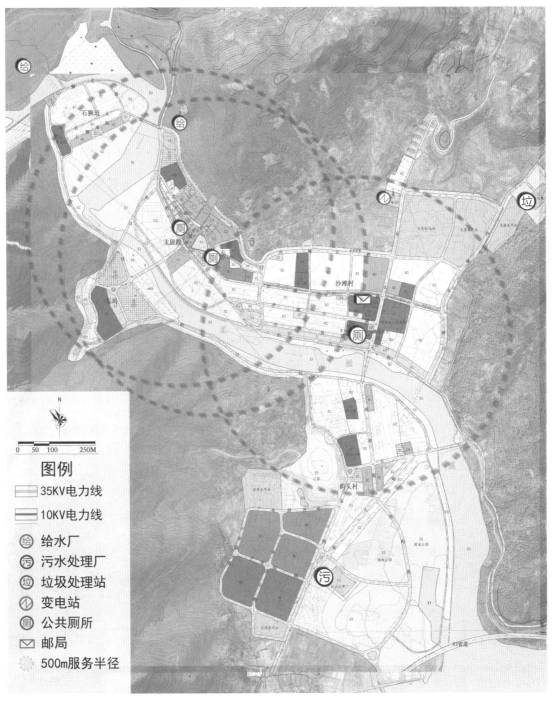

图例

- ⬭ 35KV电力线
- ⬭ 10KV电力线
- 🈁 给水厂
- 🈁 污水处理厂
- 🈁 垃圾处理站
- 🈁 变电站
- 🈁 公共厕所
- ✉ 邮局
- ⬭ 500m服务半径

（资料来源：《浙江省台州市黄岩区屿头乡沙滩村美丽乡村规划》）

图 3-26　屿头乡集镇市政基础设施规划示意图

3.5.4 沙滩村村庄空间环境规划（如图 3-27）

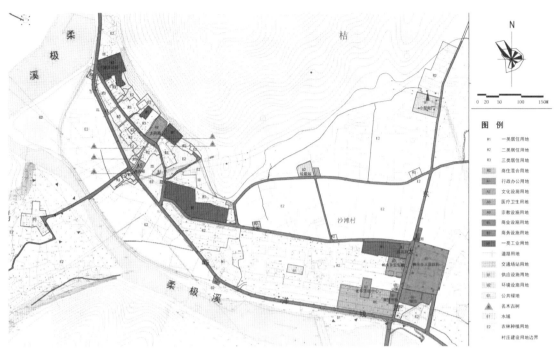

（资料来源：《浙江省台州市黄岩区屿头乡沙滩村美丽乡村规划》）

图 3-27 沙滩村村庄用地现状图

3.5.4.1 村庄用地结构规划

沙滩村作为未来屿头乡集镇文化功能区，主要承担全乡的文化旅游服务功能。在保持现状用地布局结构与路网结构的基础上，规划新增道路和用地，以满足交通需求和高山移民小区建设，同时细化用地功能和空间形态设计。重点包括现状村民住宅用地的梳理，高山移民安置小区的规划，太尉殿周边街区公共建筑和环境的功能再生，东坞旅游项目的筹划建设等，如图 3-28 所示。

沙滩村用地总体布局结构为"四片、三轴、三点"。四片：南片现状居住生活区，北片高山移民小区，太尉殿文化区，东坞旅游项目区。三轴：由屿白线带动形成的东西沿路滨水轴线，东太路两侧的商业街，太尉殿与东坞之间形成的景观轴线。三点：住宅区结合乡政府周边商业形成商业服务中心，太尉殿社戏广场与太尉巷形成旅游文化中心，东坞旅游项目区形成的乡村旅游项目活动区。

3.5.4.2 村庄公共服务设施规划

在现状公共服务设施的基础上，根据旅游服务发展和集镇自身品质提升的需求，合理安排公共服务设施，新建公建设施配置参照《村镇规划标准》（GB 50188—2007）有关要求执行，见表 3-13。

（1）行政管理设施：乡政府位于沙滩村入口北侧，占地面积 0.77 公顷，规划保留屿头乡乡镇府用地，并与周围商业公建形成公共商业服务中心。（2）文化体育设施：沙滩村现

（资料来源：《浙江省台州市黄岩区屿头乡沙滩村美丽乡村规划》）

图 3-28 沙滩村村庄用地规划结构图

表 3-13 沙滩村主要公共服务设施一览表

序号	名称	占地面积（公顷）	备注
1	乡人民政府	0.77	保留
2	农贸市场	0.05	保留
3	乡卫生院	0.20	保留
4	幼儿园	0.20	新建
5	老年活动室	0.10	保留
6	农村信用社	0.26	保留
7	旅游集散中心	0.41	旧建筑改造
8	柔川学堂（书院）	0.27	旧建筑改造
9	太尉殿	0.27	扩建
10	名医讲堂、中医养生馆	0.52	旧建筑改造
11	黄岩西部游客信息中心	0.06	旧建筑改造
12	农产品展销中心	0.32	新建
13	东坞旅游项目区	0.30	新建

资料来源：《浙江省台州市黄岩区屿头乡沙滩村美丽乡村规划》

有老年活动室一处，面积约为 0.1 公顷，位于现有的居住生活区中，活动室配置绿地和活动场地，设有户外休闲运动设施。改造太尉殿周边街区闲置的公共建筑和场地，重新植入功能，把"五大文化"理念落实在具体的空间环境上，柔川学堂设置各类传统文化教育和技术培训中心，原兽医站改建为黄岩西部游客信息中心和乡村规划展览厅，成为黄岩区西部山区的旅游信息服务中心。（3）教育设施：沙滩村现状没有幼儿园和小学，村内学龄儿童均在屿头村就读。随着高山移民增多，规划在高山移民小区邻近地块设一所幼儿园，占地约为 0.2 公顷。（4）医疗卫生设施：沙滩村内设有卫生院一处，占地面积为 0.2 公顷，为沙滩村及周边村庄服务，具体功能包括计划生育站、防疫站、卫生监督站及门诊，主要为村民提供日常医疗保健服务。（5）商业服务设施：对高山移民小区的商住用地进行控制引导，保留原有的农贸市场，为村民提供日常百货和农副产品交易活动场所，占地面积为 0.02 公顷。东坞区块规划旅游项目区和自驾车、房车的营地，成为重要的旅游项目集聚区，如图 3-29 所示。

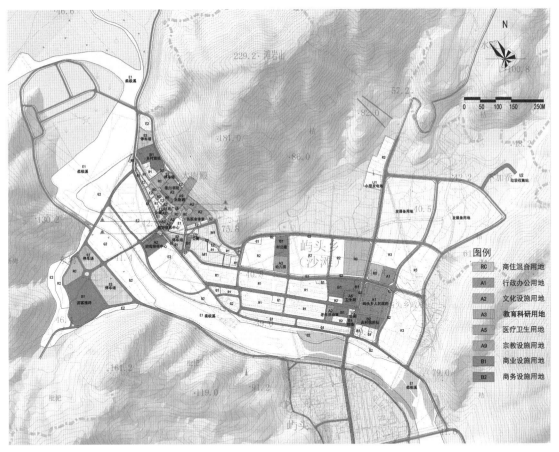

（资料来源：《浙江省台州市黄岩区屿头乡沙滩村美丽乡村规划》）

图 3-29 沙滩村村庄公共服务设施规划图

3.5.4.3 道路交通规划

沙滩村现状道路主要为东西向的屿洋线，路幅宽为 6 米，南北向的东太路，路幅宽为 5~8 米不等。规划在柔极溪南面沿山开拓一条车行道，连接屿头村和东坞村，增强村间的联系。规划保留屿洋线，将东太路拓宽到12米，作为南北主干路，同时在乡政府东边新建一条10米的南北向道路作为辅助道路。拓宽乡政府北边的沙滩中路，作为沙滩村内部东西向主干路，路幅宽为12米，同时在北边新建一条10米的道路，延伸至太尉殿片区，作为新建安置区和发展备用地的连接道路。太尉殿片区的内部道路改造成为步行街，地块内部的支路4~7米宽不等。在现状道路、新建道路内部和两侧都布置乡土特色的种植，形成连续的景观走廊，营造适宜步行的道路环境和良好的生态环境。随着乡村旅游的发展，沙滩村作为屿头乡重要的"文化功能区"和黄岩西部山区重要旅游服务集散中心，规划在太尉殿片区公共设施周边和东坞片区布置集中的停车场。其中东坞的停车场占地1.6公顷，拥有停车位154个，以解决旅游旺季游客的疏散。同时在沙滩中路增加一个公交车站，方便居民的出行，如图3-30所示。

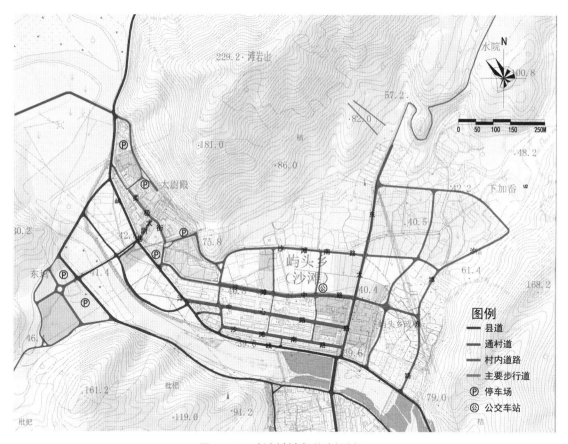

图3-30　沙滩村村庄道路规划图

3.5.4.4　公共绿地系统规划

充分利用农田、自然山体以及水系景观资源，营造具有田园风光和乡土特色的绿地景观系统。在原有水系的基础上，增加两条水系，一条从原乡公所穿过步行街汇聚于太极潭，另一条从太极潭内引出，穿过沙滩村居住生活区到乡政府西大门。沿着河流形成沿河带状绿地，种植乡村特色植被、瓜果蔬菜等，将全村的景观节点串联，如图3-31所示。

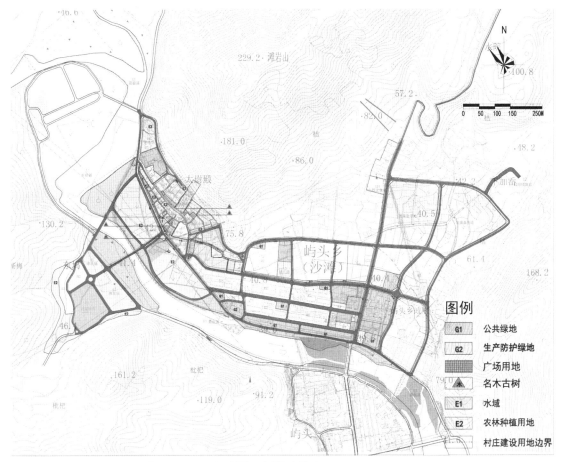

（资料来源：《浙江省台州市黄岩区屿头乡沙滩村美丽乡村规划》）

图 3-31　沙滩村村庄公共绿地系统规划图

　　绿地分为公共绿地、防护绿地、广场用地、农业观光绿化、自然山体绿化。公共绿地，分别位于南部生活组团中心、行政中心南侧、太尉殿片区公共建筑周边。因柔极溪作为水源保护地，规划在柔极溪常水位 200 米范围内的非建设用地布置防护绿地。农业观光绿化包括杨梅、枇杷等乡土特色瓜果种植，结合开心农场等的设置。组织多样化的休闲游戏场地及设施，设置健身步道、自行车道、马车道、天然泳池等，提供游客多种形式的乡村田园风光体验式活动。自然山体绿化，沙滩村域内周边有良好的自然山体条件，是美丽乡村重要的生态绿化屏障，见表 3-14。

　　沙滩村村庄用地规划（图 3-32）

　　3.5.5　太尉殿周边街区深化设计

　　3.5.5.1　太尉殿周边街区概况

　　太尉殿位于沙滩村的西北侧。长期以来，太尉殿及周边街区已形成传统街巷特色明显、具有各时期历史文化内涵承载的风貌特色。街区内分布着一些质量尚好的旧公共建筑，如兽医站、乡公所、卫生院等。目前大部分被闲置，规划将这些旧建筑和场地进行改建，注入新的功能，增加公共活动空间，从而带动整个街区旧建筑及场地的功能再生。因此选择此街区

表 3-14　　　　　　　　　沙滩村村庄规划用地平衡表（2030 年）

用地性质		用地代码	面积（公顷）	比例（%）	人均（m²/人）
居住用地		R	10.22	37.5	52.10
其中	一类居住用地	R1	0.54	2.0	2.78
	二类居住用地	R2	6.00	22.0	30.60
	三类居住用地	R3	3.67	13.5	18.73
商住混合用地		Rc	1.38	5.1	7.04
公共管理与公共服务设施用地		A	2.26	8.3	11.51
其中	行政办公用地	A1	0.89	3.3	4.56
	文化设施用地	A2	0.72	2.6	3.66
	教育科研用地	A3	0.19	0.7	0.96
	医疗卫生用地	A5	0.17	0.6	0.88
	宗教设施用地	A9	0.28	1.0	1.45
商业服务业设施用地		B	2.41	8.8	12.29
其中	商业设施用地	B1	2.18	8.0	11.12
	商务设施用地	B2	0.23	0.8	1.17
生产设施用地		M	0.67	2.5	3.41
其中	一类工业用地	M1	0.67	2.4	3.40
道路广场用地		S	7.27	26.7	37.04
其中	道路用地	S1	5.68	20.8	28.94
	交通场站用地	S2	1.59	5.8	8.09
市政设施用地		U	0.58	2.1	2.95
其中	供应设施用地	U1	0.21	0.8	1.10
	环境设施用地	U2	0.36	1.3	1.86
绿地		G	1.89	6.9	9.64
其中	公共绿地	G1	1.36	5.0	6.92
	防护绿地	G2	0.36	1.3	1.84
	广场用地	G3	0.17	0.6	0.88
水域		E1	0.17	0.6	0.88
农林种植用地		E2	0.40	1.5	2.04
总计			27.25	100.0	138.91

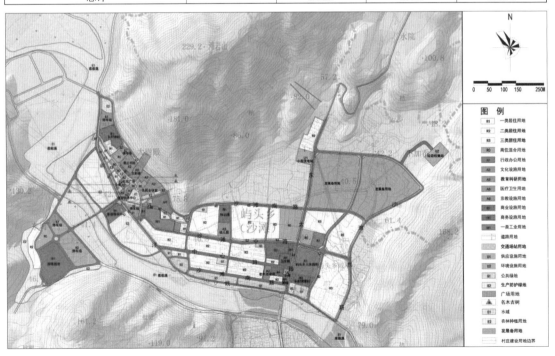

（资料来源：《浙江省台州市黄岩区屿头乡沙滩村美丽乡村规划》）

图 3-32　沙滩村村庄用地规划图

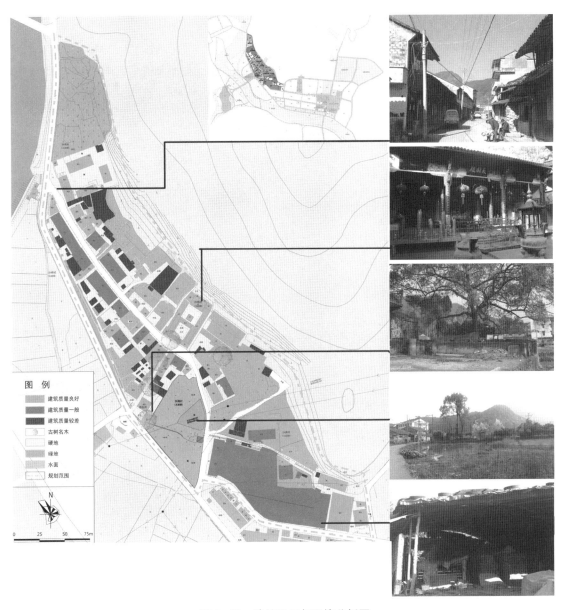

图 3-33　建筑质量与环境分析图

作为深化设计，如图 3-33 所示。

3.5.5.2　现状要素提取与分析

根据建筑质量与场地环境现状的分析，提取现有建筑与院落空间的肌理要素，并对其进行梳理，形成规划后的肌理。从重要规划要素切入，包括对废弃的公共建筑进行改建，将水系疏通，形成连续的滨水步行道，并将部分坑塘水面扩大，形成太极潭等公共空间，在古樟树下形成公共活动广场空间节点，如图 3-34 所示。

3.5.5.3　总平面分析

（1）功能结构分析。规划将太尉殿及周边街区分为五个文化功能区，如图 3-35 所示。

现状肌理

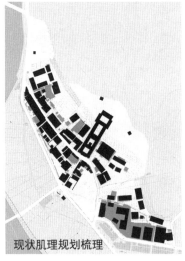
现状肌理规划梳理

规划后肌理

图 3-34　规划肌理分析

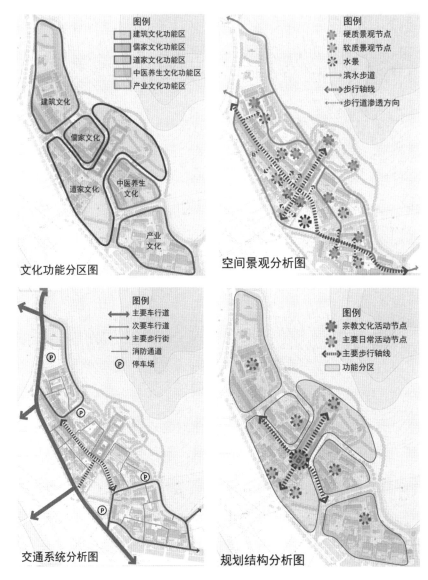

图 3-35　沙滩村村庄建设功能分析图

①建筑文化区：将旧乡公所内的工厂搬迁，改建为黄岩西部山区旅游集散中心，体现不同时期的建筑文化风貌特色。并给周边部分住宅植入农家乐民宿等功能，整理违章搭建物，使得滨水界面得以展现。

②儒家文化功能区：该范围为柔川书院的原址，因此将现有建筑植入书院功能，拟建"柔川学堂"在此进行传统文化精神的传承教育，并举办各类文化展览，如书法、围棋、画展等等。

③道家文化区：以太尉殿为核心并进行扩展。在太尉殿正门外规划"社戏广场"，以扩展太尉殿的空间。将坑塘水面扩大形成"太极潭"，将水道疏浚扩大，形成"天云塘"，组织成沙滩村的公共绿地活动空间。该区内拥有4棵约700-800年历史的古樟树，以古樟树为中心，形成人们乘凉休憩的空间。将兽医站改建为旅游信息中心，并作为乡村规划展示厅使用。周边配置素斋馆、公共厕所、停车场等相关服务设施。同时，今后将太尉殿进行扩建，并在后山形成太极公园。

④中医养生文化区：将现有工厂搬迁，引进著名老中医，形成养生会馆。该区内包含一棵古樟树，同样将树下空间形成养生交流活动广场。该区的南面有高压线穿过，因此通过绿化进行距离控制，并建设一处小型停车场。

⑤产业文化区：将现有厂房改建，置换为农产品加工以及纸箱装配等无污染产业。在创造经济效益的同时也作为乡村的产业展示区。并将废弃的建筑改建为小商业。

（2）空间景观分析。规划疏通现有水系，并在北面新开挖一条水系，水系串联作为景观和起到排涝泄洪的作用。将柔极街改建为传统风貌步行街，并保留其小尺度的线型空间，形成"鱼骨状"的步行系统，串联起硬质广场景观和周边山水自然景观。同时通过太尉殿的扩建，形成太尉巷的步行轴线。

（3）交通系统分析。规划主要车行道为屿洋线，经过屿洋线能通向东坞旅游项目区、石狮坦村、布袋坑村。在太尉殿周边街区的南北两面各形成次要的车行道环路，从而将中部的太尉巷与柔极街作为步行系统。留出消防通道，配置四个小型停车场，以满足旅游临时停车的功能。

（4）规划结构分析。规划在两条主要步行轴线的交汇处，通过太尉殿前的社戏广场形成传统文化活动节点。文化功能区内还有太极公园、太极潭、天云塘三个日常活动节点，其余每个功能分区内都有一个主要的日常活动节点，分别是旅游集散中心乡村旅社院落、柔川学堂广场、中医养生院落和产业展示区院落。

3.5.5.4 立面与场地塑造

柔极街和太尉巷是太尉殿周边街区主要的步行街，对沿街建筑进行立面改造设计，以展示传统建筑风貌特色。如图3-36为柔极街的立面设计。

柔极街南立面的主要功能包括，心远亭、文化礼堂、商住、社戏广场、枇杷园、农家乐、小卖店等。其中，心远亭位于太极潭北面，在此能观赏太极潭美景。而文化礼堂主要用于乡土文化的展示。社戏广场平时作为休闲健身广场使用，节日时作为社戏活动。柔极街北立面主要功能包括：旅游集散中心、乡村旅社、住宅、商住、小卖店、柔川学堂、太尉殿、养生

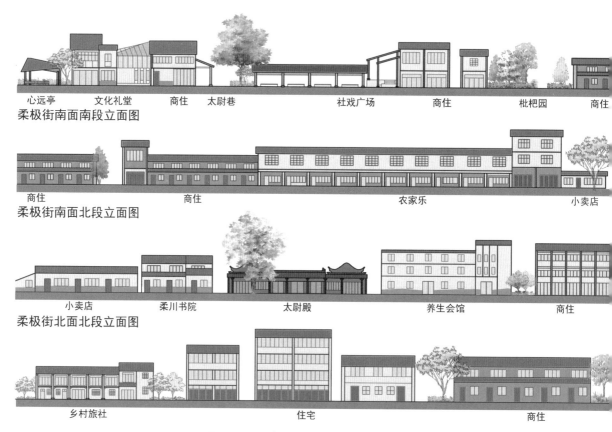

心远亭　　　文化礼堂　　　商住　太尉巷　　　　　　社戏广场　　　商住　　　　枇杷园　　　商住
柔极街南面南段立面图

商住　　　　　　　商住　　　　　　　　　　　农家乐　　　　　　小卖店
柔极街南面北段立面图

小卖店　　　　柔川书院　　　　　太尉殿　　　　　　养生会馆　　　　　商住
柔极街北面北段立面图

乡村旅社　　　　　　　住宅　　　　　　　商住

图 3-36　柔极街原有建筑改造立面设计图

会馆等。其中,旅游集散中心、乡村旅社为旧乡公所改建而成,柔川学堂为旧卫生院改建而成,养生会馆由旧供销社改建而成。

太尉巷与太尉殿形成了一条空间轴线,该轴线从东坞一直延伸向后山的山头。其场地剖面由南向北依次为柔极溪、滨水马道、枇杷种植、车行道、枇杷种植、屿洋线、游客中心、素斋馆、社戏广场、太尉殿、太尉殿(扩建部分)以及太极公园。

深化设计的总平面空间景观效果,如图 3-37—图 3-39 所示。

3.5.5.5　节点深化

太尉巷及周边街区环境整治。太尉巷正对太尉殿的中轴线,周边有 4 棵古樟树,历史悠久。太尉殿每逢传统节日香客众多,需扩展场地摆放香烛。每逢农历十月初一,太尉殿内都会举办社戏,吸引众多村民,时常人满为患。因此规划在太尉殿正门外建造一处社戏广场,利用整治简陋厕所和废弃场地的契机扩展社戏空间,平时可作为村民社会文化和健身活动的场所,如图 3-40—图 3-42 所示。

另外,公共厕所、兽医站改建的乡村规划展示馆、太极潭、天云塘等重要节点也位于太尉巷附近。因此,对这一节点进行深化设计,例如,提取传统黄岩民居乡土文化要素并运用在公共厕所等建筑设计上,如图 3-43、图 3-44 所示。

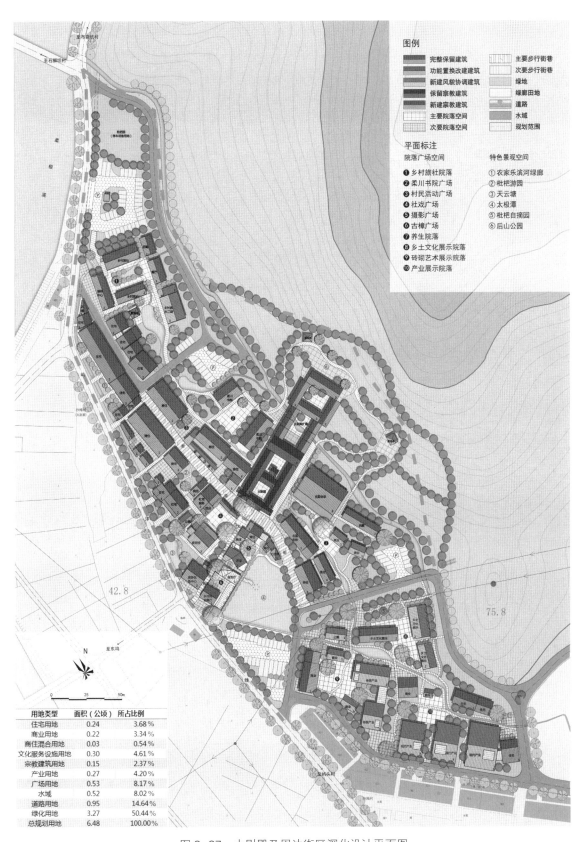

図例
■ 完整保留建築 ▨ 主要步行街巷
■ 功能置換改建建築 ▨ 次要步行街巷
■ 新建風貌協調建築 ▨ 緑地
■ 保留宗教建築 ▨ 緑廊田地
■ 新建宗教建築 ■ 道路
▨ 主要院落空間 ■ 水域
▨ 次要院落空間 ▨ 規劃範圍

平面標注

院落廣場空間
❶ 鄉村旅社院落
❷ 柔川書院廣場
❸ 村民活動廣場
❹ 社戲廣場
❺ 攝影廣場
❻ 古榕廣場
❼ 養生院落
❽ 鄉土文化展示院落
❾ 磚砌藝術展示院落
❿ 產業展示院落

特色景觀空間
① 農家樂濱河緑廊
② 枇杷遊園
③ 天雲塘
④ 太極潭
⑤ 枇杷自摘園
⑥ 後山公園

用地類型	面積（公頃）	所占比例
住宅用地	0.24	3.68%
商業用地	0.22	3.34%
商住混合用地	0.03	0.54%
文化服務設施用地	0.30	4.61%
宗教建築用地	0.15	2.37%
產業用地	0.27	4.20%
廣場用地	0.53	8.17%
水域	0.52	8.02%
道路用地	0.95	14.64%
緑化用地	3.27	50.44%
總規劃用地	6.48	100.00%

图 3-37　太尉殿及周边街区深化设计平面图

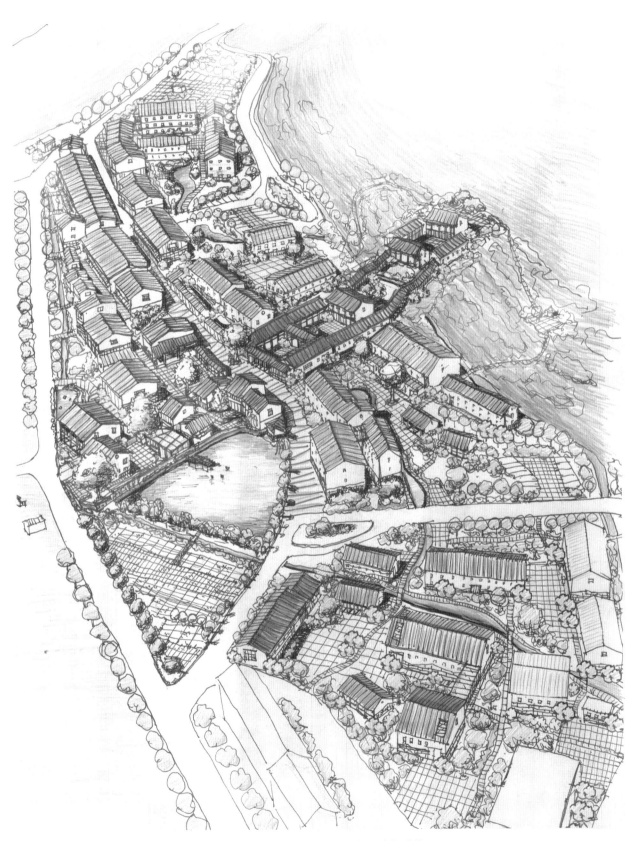

图 3-38 太尉殿及周边街区深化设计鸟瞰效果图

太极潭与古樟院落   柔极步行街

影楼院落   太尉殿前社戏广场

图 3-39　太尉殿及周边街区深化设计节点透视效果图

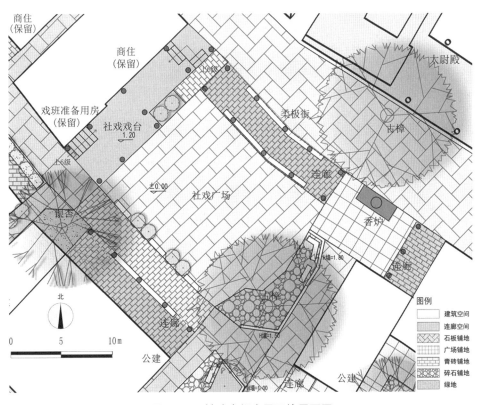

图 3-40　社戏广场底层环境平面图

图 3-41　太尉巷周边街区环境整治平面图

太尉巷周边街区鸟瞰效果图

社戏广场鸟瞰效果图

社戏广场鸟瞰效果图

图 3-42　太尉巷周边街区深化设计效果示意图

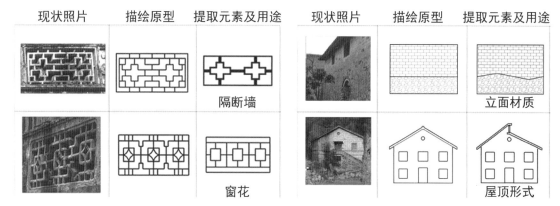

（资料来源：《浙江省台州市黄岩区屿头乡沙滩村美丽乡村规划》）

图 3-43　黄岩传统民居建筑要素提取示意图

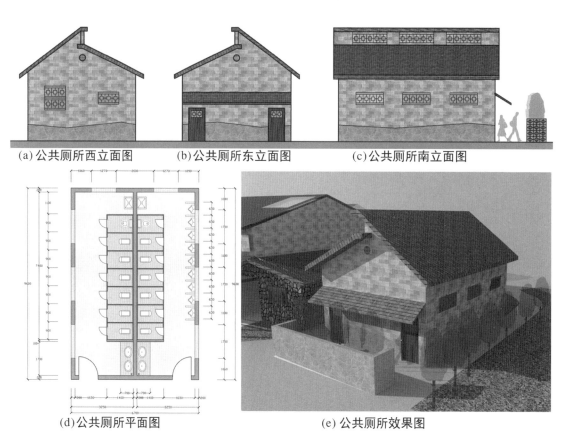

(a) 公共厕所西立面图　　　(b) 公共厕所东立面图　　　(c) 公共厕所南立面图

(d) 公共厕所平面图　　　　(e) 公共厕所效果图

图 3-44　乡土特色公共厕所设计示意图

3.5.5.6　旧乡公所的功能转型与环境再生

旧乡公所位于沙滩村柔极老街北端，是村口的重要景观节点，建筑质量尚好，具有较好的地方建筑风貌特色。以它为例，作为废弃公共建筑和场地功能转型与环境再生的节点深化。旧乡公所曾包括邮电局、信用社、广播站等功能。政府机构搬迁后，被明鹿工艺品厂租用，如图3-45。

规划保留原有建筑结构，植入新的功能。以黄岩区西部旅游集散服务中心和配套服务设施为建设目标，西面建筑底层为招待厅、小卖店以及管理用房功能，二层为茶室、咖啡厅。东面为农家餐厅。南面建筑为乡村旅社，配置单独卫浴。北面建筑为木结构，不适合配置单独卫浴，因此作为青年旅社，在其东面加建卫浴设施。加建两部电梯，旅社二层与茶室、咖啡厅通过连廊相通，并通过水系的梳理形成中部的院落和西北部的水塘花园。如图3-46—图3-48所示。

（资料来源：作者拍摄）

图3-45　旧乡公所改造前使用状况

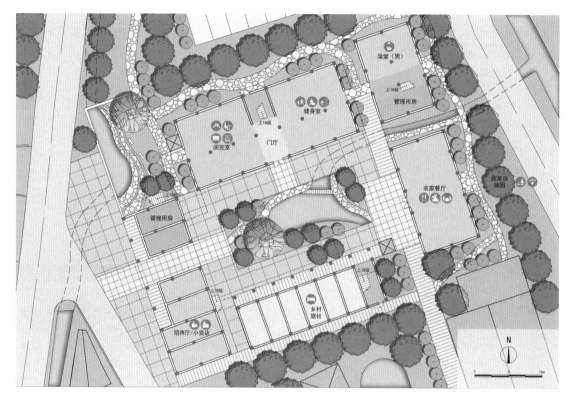

图 3-46　乡村旅社底层平面功能示意图

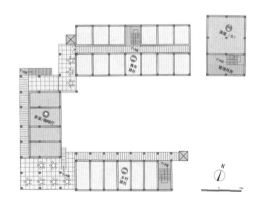

图 3-47　乡村旅社二层平面功能示意图

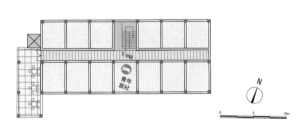

图 3-48　乡村旅社三层平面功能示意图

4

第4章 "美丽乡村"规划类型二：屿头乡石狮坦村

    石狮坦村以"孝"、"敬"和"生命感悟"为主题，突出敬老文化、李文一烈士爱国主义教育和关于"生命、生存、生活"的思想意识训练。

    石狮坦村的示范性主要体现在其弘扬中国传统文化的价值体系和社会风气。石狮坦村相传得名于村内十四座形似石狮的山，雄伟的石狮形象在石狮坦村村民心中是无可取代的文化图腾。石狮坦村还是革命烈士李文益的故乡，家家户户传诵着革命先烈的光荣事迹。此外，屿头乡敬老院坐落在石狮坦村村庄的西侧。由此，石狮坦村长久以来塑就了底蕴深厚、内涵丰富的"敬"、"孝"文化传统和文化氛围。与此同时，位于屿头乡柔极溪畔的生态教育基地，是大陆首个"三度素质教育"模式的实践基地，为石狮坦村的文化底蕴赋予了崭新内涵。"三度素质教育"试图通过拉近人与人、人与自然、人与地域文化的三种距离，来实现生存、生命、生活的"三生"教育。

4.1 类型概述

4.2 产业经济

    4.2.1   石狮坦村村域产业经济与发展目标

    4.2.2   石狮坦村村庄产业经济空间布局引导

4.3 社会文化

    4.3.1   石狮坦村村域社会文化内涵与传承创新

    4.3.2   石狮坦村村民公共参与和社会发展

4.4 空间环境

    4.4.1   石狮坦村村域空间环境建设

    4.4.2   石狮坦村村庄空间环境规划

4.1 类型概述

石狮坦村位于浙江省台州市黄岩区屿头乡的东南部，东邻沙滩村，西毗三联村，北邻梨坑村，距黄岩城区约28公里，距屿头乡政府所在地约1公里，见图4-1。村域内有屿祥线一条对外的主要公路，通往黄岩西部山区，是去黄岩西部历史文化村落布袋坑村的必经之路。石狮坦村距离台州市区35公里，车程为1小时左右。

图4-1 石狮坦村区位图

石狮坦村村域总面积约69公顷，除了耕地、果园、山林与水域面积之外，村庄建设用地面积约3.1公顷。截至2012年末，按户籍口径农村人口为362人，96户。进村公路分别在石狮坦村东、北两侧，村内主要道路以水泥路面为主，村民住宅间通路多为石板路。村内基础设施较落后，自来水管网尚未接入村里，村民自行接管道将柔极溪水作为饮用水；村庄雨水主要通过明沟排放，污水未能收集集中处理；目前石狮坦村基本完成村庄电力、电信的改造工程。

石狮坦村与紧邻的沙滩村太尉殿隔柔极溪岸相望。在美丽乡村规划建设中，须与沙滩村、屿头乡集镇区整体考虑。石狮坦村山林资源丰富，水资源充沛，生态环境优美，具有发展特色农业和旅游业得天独厚的优势。同时，"两岸三度"旅游项目的引进，为石狮坦村的旅游产业发展提高了知名度。石狮坦村具有深厚的文化渊源，包括弘扬中华孝道的敬老文化和纪念"柔川长流英魂"——李文益烈士的红色革命文化，为石狮坦村美丽乡村社会文化建设提供了优越的条件。

石狮坦村未来发展面临着以下挑战：如何利用特色旅游等项目带动乡村发展，对村庄带来可持续的收益？如何营造石狮坦村的风貌特色，避免与周边村庄的同质化；如何协调村庄建设与生态环境的保护之间的关系？

4.2 产业经济

4.2.1 石狮坦村村域产业经济与发展目标

4.2.1.1 石狮坦村产业发展现状

石狮坦村第一产业为粮食生产和水果种植，第二产业为挖砂采掘。第三产业则主要是"两岸三度"项目带动的旅游业。石狮坦村村传统产业主要是农业，粮食以水稻为主，辅以小麦种植，水果有枇杷、杨梅等。村民经济收入情况见表4-1。

表4-1　　　　　　　　　石狮坦村村民经济收入情况一览表

收入＼年份	2008	2009	2010	2012
总额（万元）	141	143	161	219
人均（元）	4192	4313	4725	6050

资料来源：农村集体经济收益分配情况统计表

4.2.1.2 石狮坦村产业发展总体目标

建设并发挥石狮坦村域作为农村社区经济单元体的作用，积极整合并合理利用各种资源优势，通过发展村庄产业经济，创造多样化的就业机会，调整石狮坦村产业经济结构，逐步提升第三产业的比重，加快转变农业生产发展方式，提高农业综合生产力、抗风险能力和市场竞争能力。同时避免因产业经济发展造成环境的污染和生态环境的破坏。

4.2.1.3 石狮坦村第一产业发展目标

石狮坦村自然资源丰富，果蔬品种多样，产枇杷、杨梅、笋干等农产品。鼓励对传统农业采用新的蔬果养殖技术，实现农业生产的优质、高效、规模化、集约化的发展。同时积极发展观光型生态农业，供游客观赏、品尝、购买、体验、休闲、度假。包括观光种植业的果蔬采摘、品尝。观光林业的野营、探险、避暑体验。观光渔业的养殖、捕鱼、垂钓体验。观光副业的竹子、玉米叶、芦苇等的手工艺品的编织体验等。实现产业多样化，产品的多元化，形成丰富而合理的产业结构。

4.2.1.4 石狮坦村第二产业发展目标

结合本地资源，开拓新型生态加工产业，利用当地丰富的毛竹资源，发展笋产品加工业，竹子编织手工业；利用果园囤积的枇杷、杨梅发展水果罐头、糕点等小型农产品加工业，既给村民提供多样的就业机会，提高收入水平，同时避免了传统制造业对当地的生态环境造成威胁。对于村北濒临倒闭的砂厂，规划建议利用已有的基础逐步往砂石经营转型。

4.2.1.5 石狮坦村第三产业发展目标

石狮坦村目前的第三产业主要为"两岸三度"教育基地项目所带动的旅游服务业。为生态教育基地后续项目的拓展提供有利条件，包括大型主题活动的举办场地的考虑；完善餐饮休闲等服务设施配套，充分接纳"两岸三度"等旅游项目吸引来的游客；同时利用石狮坦村优越的自然景观，发展观光旅游业。

4.2.2 石狮坦村村庄产业经济空间布局引导

石狮坦村在美丽乡村规划中着力塑造灵动魅力的乡村形象，突出以优美生态环境资源和敬老、敬烈士的人文内涵促进休闲观光旅游发展，提升乡村产业经济和社会文化发展的特色。根据保护石狮坦村特色风貌，促进生态农业和旅游业发展的原则，因地制宜，以人为中心，以整体社会效益、经济效益与环境效益三者统一为基点，强调美丽乡村规划建设的整体性。将功能组织、住宅布局、道路系统、绿化景观系统与市政基础设施，统一规划，形成整体。为村民及游客塑造环境优美、卫生安全、舒适便捷的怡然栖息之地。

结合石狮坦村本地资源，规划将石狮坦村第一产业发展观光型生态农业，第二产业发展农产品加工业，第三产业主要为观光农业和"两岸三度"素质教育基地等项目带动的旅游服务。在现有的枇杷种植园基础上，产业功能片区结合旅游服务设施布置，主要位于石狮坦村村庄南侧以及北侧的柔极溪沿岸。

4.3 社会文化

4.3.1 石狮坦村村域社会文化内涵与传承创新

在"美丽乡村"规划中,尊重石狮坦村的乡土地方文化,注重传承和发扬乡土特色。在对具有乡土景观特色的地形、地貌以及乡村自然景观予以尊重和保护的前提下,对石狮坦村的农村物质空间环境条件进行改善。将石狮坦村建设成为以敬老文化、革命文化、石狮文化、"三生"文化为主的特色鲜明的美丽乡村。

4.3.1.1 敬老文化

"美丽乡村"规划将石狮坦村塑造为以关爱老人为主题的优秀传统文化传承基地,发扬石狮坦村百姓敬老爱老的优秀传统,以敬老院为依托进行拓建,设置老人书画活动室,修建百米书画长廊,完善设施配套,丰富老人的娱乐生活,并积极组织社会募捐和小学生红领巾志愿者活动,让老人真正感受到社会关怀。如图4-2,图4-3所示。

图4-2 敬老院实景

图4-3 敬老院老人生活照片

4.3.1.2 革命文化

柔川长流英雄李文益,原名李境东,石狮坦村人,于1921年至1949年投身于革命工作,并付出宝贵的生命,1950年黄岩民政局追封其为革命烈士,1960年将其遗骨移葬于黄岩九峰烈士墓。其平生著作有《苏联见闻录》、《文坛上的眉间尺和黑色人》以及编译《高尔基生活》等,给后人留下了宝贵的精神财富。"美丽乡村"规划将石狮坦村建设成为以学习李文益烈士为主题的爱国主义教育基地。以革命志士李文益题材为依托,修建李文益纪念亭和纪念公园,继承和发扬红色革命文化。如图4-4所示。

图4-4 授予革命根据地村奖状

4.3.1.3 石狮文化

相传,石狮坦村得名于村落附近十四座大小各异的山头,故称作"十四坦"或"石狮坦"。山头形如石狮子,柔极溪蜿蜒而过,石狮坦村正坐落在柔极溪河道弯口的平地上,与石狮子们遥遥相望。规划中村庄遍布形态大小功能各异的石狮子,或雄伟庄严,或活泼可爱,或温和慈祥,让"百变千狮"成为石狮坦村民心中的文化图腾,如图4-5所示。

图4-5 石狮意向图片

4.3.1.4 "三生" 文化

位于石狮坦村的生态教育营地是目前中国大陆地区首个"三度素质教育"模式的营地,占地 13 公顷,辐射范围达到 80 公顷,分布于山水之间。所谓"三度素质教育"模式,实质是指"三距—三生",即通过拉近人与人、人与自然、人与地域文化的三种距离,来实现生存、生命、生活的"三生教育"。目前,石狮坦村生态教育营地开设"生存、生命、生活"体验课,包含野外动植物识别、台州精神文化解读、自理能力锻炼、灾难逃生救援、消防演练等项目,为中小学生开启了一种新的户外体验,提供了一个新的交流平台,也让中小学生学会生存的技能、感悟生命的价值。

4.3.2 石狮坦村村民公共参与和社会发展

规划尝试将"自上而下"的政府组织管理模式与"自下而上"的村民公共参与模式相结合,以形成更符合石狮坦村整体发展的决策机制。通过发放问卷、现场采访村民、听取村官及地方规划师意见等方式,将民情民意融入规划之中。

调研选取石狮坦村居民点进行问卷调查,发放 42 份问卷,回收 40 份,其中部分问卷有效答案数量小于 40,统计是以各个问题的有效答案作为总和。

调查问卷分为 2 部分:①村民家庭基本情况,包括:年龄、性别、文化教育程度、目前职业情况、居住人口、家庭年均收入;②村民对村庄建设评价和意愿,包括:定居意愿调查、配套设施需求与满意度调查、景观环境满意度、出行方式。

通过对有效数据进行统计分析,形成调查报告,充分采纳村民合理建议,以指导石狮坦村的乡村建设和社会发展。

4.4 空间环境

4.4.1 石狮坦村村域空间环境建设

4.4.1.1 村域人口基本情况

（1）人口现状

截至 2012 年,按户籍口径农村人口为 362 人,96 户;常住人口为 312 人,84 户。7 个村民小组,劳动力 236 人。

（2）劳动力就业情况

石狮坦村的劳动力就业情况如表 4-2 所示。

表 4-2 　　　　　　　　　　石狮坦村劳动力就业情况　　　　　　　　　　单位:人

人口 年份	劳动力资源数			农村从业人员	外出从业人员	出省从业人员
	男	女	小计			
2008	98	87	208	185	64	28
2009	99	94	208	193	64	28
2011	113	103	216	197	72	23
2012	124	112	236	212	77	25

资料来源:屿头乡农村统计年报（2012 年）

4.4.1.2　村域用地规划与空间结构

以保护石狮坦村特色风貌、促进生态农业和旅游业发展为原则，因地制宜，以人为本，以社会效益、经济效益和环境效益三者统一为基准点，保护优质生态环境，强调美丽乡村规划建设的整体性，将功能分布、住宅组织、道路系统、绿化系统与市政基础设施，统一规划。为居民及游客塑造自然优美、卫生安全、舒适便捷的乡村人居环境。

图 4-6 所示，石狮坦村村域规划依托现有的村庄建设区，在规划期内向西侧扩展，在西面山地规划李文益烈士纪念馆和山地公园。村庄内部部分在北侧和南侧的用地规划提供农家乐等旅游餐饮和住宿服务。对于村域现有的田地、园地和林地采取保留和结合农家乐旅游

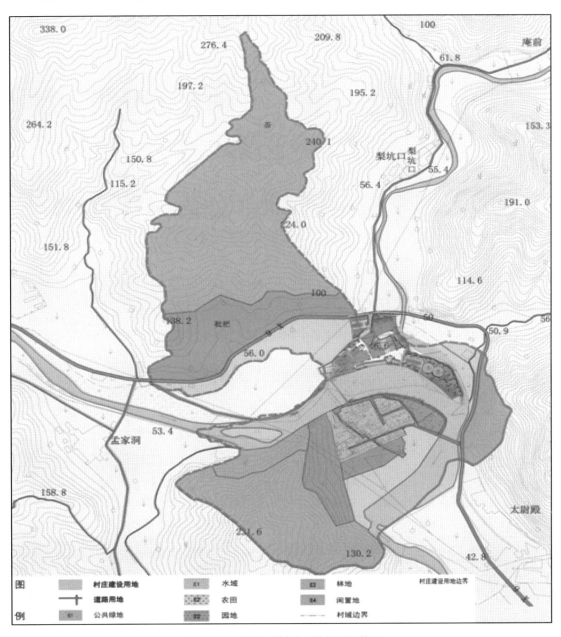

图 4-6　石狮坦村村域土地使用现状图

发展的方法，如村庄南侧大片枇杷种植园地，配合采摘、农家乐发展，使之形成富有特色的自然和人文景观。

村庄建设在现有基础上，向南、西、北三个方向扩展。向南发展依托现有枇杷种植园地，结合自主采摘和售卖的服务形式，发展石狮坦村旅游产业。西、北侧均为山丘地形，具有良好的自然景观基础，目前为农林用地，种植枇杷、桃树、高山蔬菜等，向西建设李文益烈士纪念公园，向北规划建设山地公园。如图 4-7 所示。

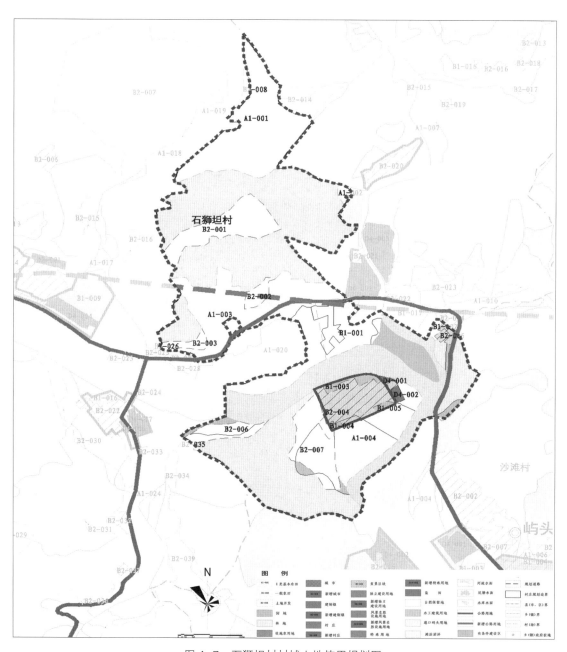

图 4-7　石狮坦村村域土地使用规划图

4.4.2　石狮坦村村庄空间环境规划

4.4.2.1　村庄居民点步行游览体验景观系统规划

村庄的步行游览路径形成人文景观体验流线和自然景观体验流线两个子系统。由东坞的步行栈道进入村庄,西侧为以"红色文化"为主导的人文景观体验,其中串联了重要景观节点,依次为石狮山公园、乡敬老院、烈士纪念馆、古庙和古树广场,村庄居民点和社区活动中心,形成步行游览环路;栈道往东,是以"生态旅游"为主导的自然景观体验,沿途重要景观节点为枇杷等作物种植采摘园、农家乐、天然泳池、生态教育基地("两岸三度"营地)、农家乐服务、百狮桥,形成另一条步行游览环路。两条环路基本覆盖了石狮坦村村庄范围,兼顾了各区块。如图 4-8—图 4-10 所示。

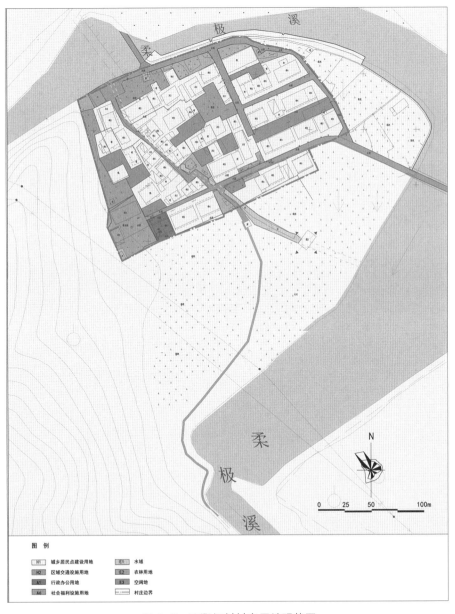

图 4-8　石狮坦村村庄用地现状图

4.4.2.2 住宅用地布局规划

结合石狮坦村村庄居民点现有基础进行住宅用地布局。除本村住宅之外，规划增加兼具对外服务的旅游住宿和农家乐功能的混合住宅用地，布置在村庄南侧，靠近枇杷采摘园，如图 4-9 所示。

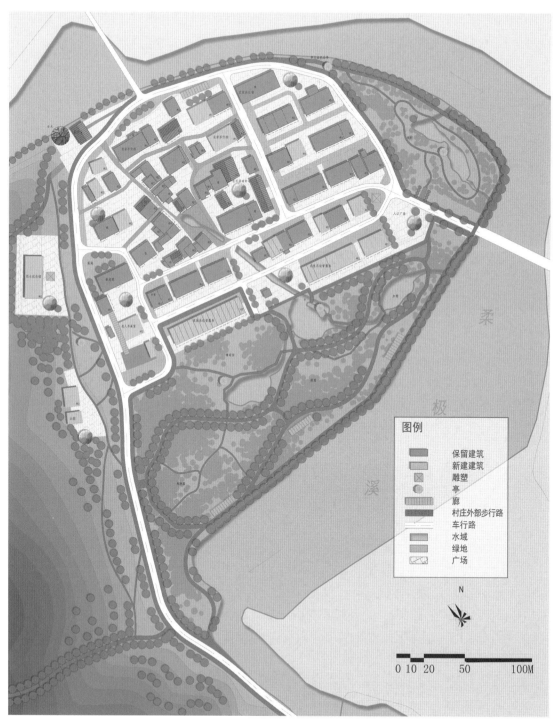

图 4-9　石狮坦村村庄规划总平面图

4.4.2.3 公共服务设施规划

石狮坦村村庄居民点现有的公共服务设施仅有一所敬老院。规划将村中心的一处传统木构建筑改造为村级公共活动中心，并将村庄北侧和南侧的部分住宅改建作为农家乐住宿设施。在村庄西侧规划建设李文益烈士纪念公园和纪念馆，如图4-10所示。

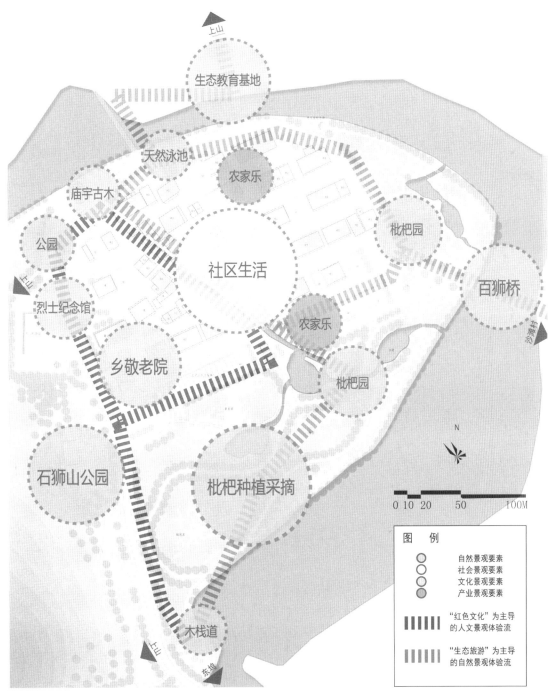

图 4-10 石狮坦村村庄规划结构图

对应石狮坦村的文化元素和文化内涵，石狮坦村村庄文化设施规划主要包括屿头乡敬老院、"两岸三度"素质教育基地、李文益烈士纪念亭和纪念公园，以及石狮坦村村民活动中心。

石狮坦村现有的乡敬老院占地约1500平方米，乡政府每年拨款约24万元，服务全乡。敬老院共有33名老人，平均年龄为74岁，最高年龄达92岁。敬老院位于石狮坦村村庄西侧，规划在原址的基础上进行适当用地扩展，增设书画长廊等设施和场地，丰富老年人的日常生活，举办特色活动，吸引村民参与，从而形成良好的敬老尊老氛围。

"两岸三度"素质教育基地位于村庄北侧，柔极溪北岸。规划增加文化展示设施，使之形成旅游产业配套。同时，将"三生"教育与生态文化宣传联系起来，形成更加丰富的生态文化教育功能板块。

依托村庄现有条件，规划新建李文益烈士纪念亭和纪念公园。纪念亭位于村庄东侧柔极溪沿岸，结合景观视线通廊建造；纪念公园位于石狮坦村西侧的山脚下，以自然景观为主，辅以少量人工场地和景观小品建设，弘扬革命根据地的烈士文化。

规划将位于石狮坦村中心的传统木构建筑进行改造，作为石狮坦村村民活动中心。该处位置居中，可达性良好，且依托村中水系，有利于成为农村社区交往活动的场所。

4.4.2.4 道路系统布局规划

（1）道路规划

伴随着石狮坦村旅游业的发展，人流和物流都会有相应的增加，对道路的标准和两侧的绿化美化要求越来越高。规划应适当留出道路用地。规划在村内西侧扩建一条8米宽的道路，顺山势与东坞村相连接，分担村庄内部道路的压力，同时使得石狮坦村与外界的沟通更加便利。

石狮坦村的道路主要以适当拓宽原有主道路为主，规划红线一般为5米，另外规划3米的支路。

（2）停车规划

今后大量旅游游客停车主要设置在东坞。

（3）无障碍设施规划

村内公共服务设施建筑室内与活动场地之间的联系，应考虑满足残障人士或老年人轮椅车的无障碍通行要求。

4.4.2.5 村庄风貌控制建议与措施

（1）村民住宅建筑立面改造

石狮坦村民住宅建筑的立面改造主要考虑建筑的颜色与周边环境的协调。对未粉刷的住宅建筑山墙进行规定颜色的粉刷，同时采用"穿裙子"的做法，即采用当地柔极溪溪流中的卵石对建筑两侧立面底部1.5米进行鹅卵石贴面加固，既能使被改造的村民住宅建筑风貌焕然一新，又能体现地方建筑材料装饰的特色，从而使村庄的整体建筑风貌和谐统一，如图4-11所示。

图 4-11　民居立面改造效果　　　　　　　图 4-12　庙宇立面改造草图

（2）庙宇修缮

规划对石狮坦村北的小庙进行立面改造。立面元素的添加使其更具宗教建筑特色，如图 4-12 所示。

（3）村庄景观风貌规划

围绕村庄，结合水体规划一处现代农家乐旅游服务长廊。沿柔极溪设置游步道向南与桥相接，向北与李文益纪念亭相连，主道（原老园路）向溪边设置一条瓜果竹构长廊。长廊与沿溪游步道的交叉口设置四角木凉亭。入口两侧 10 米改为坡形绿化，木长廊向东与广场绿化相连。新建房屋至新桥之间设置一条近 100 米的生态藤长廊。堤坝和凉亭、步道相结合形成宽窄不一的景观游步道。步道方便游客亲自走进果园采摘体验农家欢乐，景亭方便游客休憩时的遮阳避雨。长廊西侧步行小路与新建道路连通，方便进山区"驴友"随时入园参与体验，如图 4-13 所示。

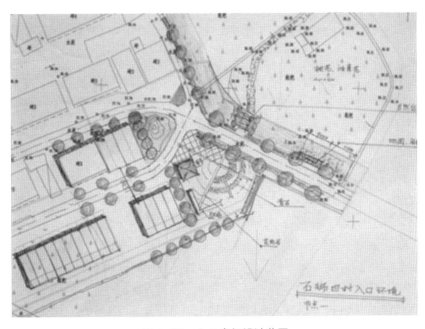

图 4-13　入口广场设计草图

5

第5章　"美丽乡村"规划类型三：屿头乡上凤村

　　上凤村的示范性体现在其以第一产业（枇杷种植）为基础而形成了"枇杷节"文化，并努力构建农村社区文化平台，整合枇杷种植、市场销售、枇杷社区文化要素，形成特色种植产业引领全村社会经济文化发展的模式。

　　上凤村将传统农业产业形成一种文化品牌，并将"枇杷节"的旅游产业经济效应在季节上进行延伸。在"枇杷节"举办前，开展绘画写生、摄影展览等文化活动；在"枇杷节"举办中，开展相应的食品展销与采摘活动；"枇杷节"举办后，发展农产品加工业，例如食品加工业，使得"枇杷节"的经济效应得到扩展。在发展上凤村产业经济的同时，利用传统山地人居特色，把社会文化和空间环境结合起来，适应不同时节、不同活动的需求。例如，上凤村村口广场不仅有聚会、停车、销售的旅游服务功能，同时还作为村民社区文化活动的场地，有球场、跳舞场地等功能。另外，将部分村民的住房作为农家乐，扩展其服务接待能力，注重游客与村民互动。上凤村的人居空间形态以及其承载的社会文化活动内容，都体现了村庄独特的地域文化。

　　乡村产业发展的意义不仅在于通过经济增长缓解长期以来的贫困问题，同时还在乡村风貌景观塑造、空间与文化遗产保护方面起到铺垫与催化的功能。尤其是当村庄拥有特色产业、并支撑村庄发展的时候，产业便会对乡村人居的整体规划和设计提出更全面而综合的要求，从而形成相辅相成的和谐发展局面。

5.1　类型概述

5.2　产业经济

5.2.1　上凤村村域产业经济与发展目标

5.2.2　上凤村村庄产业经济布局引导

5.3　社会文化

5.3.1　上凤村村域社会文化内涵与传承创新

5.3.2　上凤村村庄社会文化设施布局与功能引导

5.4　空间环境

5.4.1　上凤村村域空间环境建设

5.4.2　上凤村村庄空间环境规划

5.1 类型概述

上凤村位于台州市黄岩区屿头乡的东北部，东邻北洋镇，南接沙滩村，西毗梨坑村，北连岙头村；距屿头乡政府所在地约1公里。2012年末，上凤村按户籍口径农村人口为820人，265户；村域面积约290公顷。

上凤村属山地地形地貌，北部多为山林，中部少量耕地。山地环境提供了富有变化的地形风貌，因此依山而建的山地建筑能够形成丰富的景观特征。在美丽乡村规划建设中，应当巧妙地利用山地自然条件，加强山地减灾防灾，注重可持续

图5-1 上凤村实景

发展，将上凤村建设成为宜人的、富有特色的山地乡村人居环境。

上凤村是"屿头乡枇杷节"之村。每年五月底六月初，正是江南名果——枇杷应市的季节。"五月枇杷黄、屿头好风光"，黄岩素有"中国枇杷之乡"美誉，种植历史悠久。摘枇杷赏美景，是屿头乡枇杷节近几年推出的枇杷采摘游活动。

屿头乡枇杷核心种植基地位于上凤村。核心基地内拥有枇杷100公顷，其中采摘园40公顷，以白砂、洛阳青、大红袍为主打产品，其中洛阳青枇杷得到了省农业部门无公害农产品认证。作为屿头乡的特色农产品之一，它色香味俱佳，有较高食用、药用价值，深受市场喜爱。

自2009年5月23日屿头乡上凤村举办首届枇杷节以来，至今已经成功举办了6届，每届都深得广大游客好评。"枇杷采摘游"面向社会，在枇杷节现场，有百家宴、农产品展销、枇杷王评选、乡村大擂台等各种活动。屿头乡上凤村通过枇杷节的举办，构建了"政府搭台、企业参与、媒体推广、百姓互动"的新型农业旅游模式，拓宽了农业功能，有力推动了地方经济的快速发展，提升了上凤村和屿头乡的知名度和美誉度。

5.2 产业经济

5.2.1 上凤村村域产业经济与发展目标

5.2.1.1 上凤村产业经济发展现状

上凤村第一产业以农业生产为主，耕地以种植水稻为主，利用山地资源发展了枇杷、杨梅、板栗等种植业。上凤村有山林220公顷。上凤村第二产业以农产品加工业为主。第三产业主要是小规模的零售业以及枇杷节带动的旅游业。上凤村村民收入见表5-1。

表 5-1   上凤村村民收入

收入 \ 年份	2008 年	2009 年	2010 年	2012 年
总额（万元）	350	395	435	542
人均（元）	4 204	4 846	5 309	6 577

资料来源：农村集体经济收益分配情况统计表

5.2.1.2 上凤村产业发展目标

（1）产业发展总体目标

应突出以"枇杷节"为农村社区文化平台的特色，整合枇杷种植、市场销售、枇杷文化活动要素，形成特色种植产业引领全村社会经济文化发展的模式。

（2）第一产业发展目标

上凤村自然资源丰富，果蔬品种多样，盛产枇杷、杨梅、茶叶、笋干等农产品。在未来发展中，上凤村作为黄岩西部的枇杷核心基地，可进一步发展枇杷、杨梅、板栗等种植产业，形成规模化生态农业种植园区。积极实施生态农业战略，走农业合作化道路，提高集约化水平。

（3）第二产业发展目标

在未来发展中，上凤村可适当发展与农产品相关的且无污染的农产品加工业，如食品加工业，延伸农产品加工产业链。例如，枇杷等水果可制成罐头食品，杨梅可酿制杨梅酒等，促进全村经济发展。

（4）第三产业发展目标

积极发展上凤村以枇杷节作为平台的乡村旅游业。自 2009 年首届黄岩（屿头）枇杷节举办以来，连续六年的枇杷节让屿头乡上凤村的枇杷有了知名度。今后可通过多种形式的旅游项目活动，吸引更多的人参与枇杷节。由于枇杷节具有较强的时令性，仅每年五月份十天左右的时间能吸引游客，因此，可考虑同时种植其他优势果树，如杨梅、板栗等，这样也可举行六月杨梅采摘、九月板栗采摘等活动。同时，可设置农家乐旅游服务设施，并结合村庄北部的小五尖水库发展休闲垂钓、休闲度假等旅游活动，发展观光生态农业旅游，以吸引更多游客驻留，进一步带动全村产业经济发展，见图 5-2。

（图片来源：http://www.zjhyrcb.com/InfoPub/ArticleView.aspx?ID=930）

图 5-2 上凤村枇杷节

5.2.2 上凤村村庄产业经济布局引导

以枇杷、杨梅、茶叶、笋干、杨梅和板栗等农产品为基础，村内积极发展农产品加工业，如食品加工业，生产产品为水果罐头、杨梅酒以及各种真空小包装的旅游休闲食品等。同时发展旅游产业及服务业。

5.3 社会文化

5.3.1 上凤村村域社会文化内涵与传承创新

5.3.1.1 上凤村村域文化内涵

上凤村现有的文化元素主要有枇杷节、石龙庙、文化广场社区活动等，其中枇杷为该村的特色农产品，围绕枇杷已连续六年举办了枇杷节；石龙庙主要体现了该村的庙宇文化，现每年的农历八月初三与九月二十七，全体村民在老爷庙前广场上举办祭祀活动；文化广场社区活动为广大村民提供了一处文化娱乐的场所，丰富了村民的日常生活。

5.3.1.2 上凤村村域社会文化传承创新

尊重上凤村的乡土地方文化，注重传承和发扬乡土特色。在对具有乡土景观特色的地形、地貌以及乡村自然景观予以尊重和保护的前提下，对其农村物质空间环境条件进行改善。将上凤村建设成为以农耕文化、枇杷文化、庙宇文化、广场文化为主的特色鲜明的美丽乡村。

（1）农耕文化

上凤村的村民主要以农业种植为主，种植的经济林有枇杷、杨梅以及板栗，其中有一半以上的农户种植枇杷，枇杷为该村的特色种植品种；耕地以水稻种植为主。在保留其农耕文化的特色的基础上，将农业种植与农业观光相结合，让游客能够体会到农耕文化的知识和乐趣，见图5-3。

（2）枇杷文化

黄岩屿头乡的枇杷核心基地位于上凤村，交通便利。可以"枇杷节"为基础，扩展枇杷节旅游活动的内容，增加以枇杷为主题的书画摄影等文化艺术活动。见图5-4。

图5-3　上凤村农耕文化

（3）庙宇文化

上凤村村内现有的石龙庙，建造于清乾隆年间。每年的农历八月初三与九月二十七，村民在老爷庙前广场上举办祭祀活动。作为村内标志性的民俗活动，依托于这一宗教活动场所。一年一度的庙会如火如荼，不仅丰富了上凤村的文化氛围，同时也可以作为上凤村传统旅游业发展的一大亮点，见图5-5。

图 5-4　上凤村枇杷文化

图 5-5　上凤村庙宇文化

图 5-6　上凤村广场文化

（4）广场文化

上凤村的文化广场位于上凤村村口，村道在广场旁经过后连接屿洋线公路，交通十分便利。广场西侧为村部大楼，广场占地面积 500 平方米。上凤村每年都在广场举行排舞排练、舞狮排练及表演、腰鼓队活动等一系列群众文化活动。广场的建成丰富了农村社区的社会文化生活，为广大村民提供了一处重要的文化娱乐活动场所。见图 5-6。

5.3.2　上凤村村庄社会文化设施布局与功能引导

5.3.2.1　村口广场

村口广场是上凤村的多功能公共活动中心，能满足不同季节不同人群的需求。广场能为"枇杷节"提供书画、编织、采摘等功能空间，客流量大时能兼做停车场，平时能为村民提供健身活动场所。旧村委会以及原老年活动中心建筑已经闲置，规划选择在村口广场北侧进行新建，并通过步行通道将广场和东侧的庙宇以及宗教活动广场进行联系。

5.3.2.2　宗教活动广场

将旧村委会建筑拆除，保留庙宇前的两棵古樟树，形成有古树围绕的宗教活动广场，作为村庄的传统文化特色活动场所。

5.4.2.3　度假村

上凤村具有山地人居环境风貌特色。当"枇杷节"举办时，为吸纳游客休闲度假，在上凤村西南侧规划建设一处度假村。此处地势稍高，向东可以观赏村庄的全景，且环境幽静，适合休闲度假的需求。

5.3.2.4　凤凰阁

规划在上凤村北侧山顶建造一座景观建筑，作为上凤村的景观标志，成为整体视觉的中心。上凤村村名中"上凤"一词的内涵，可演绎为"山上面有凤凰"，因此可将此景观建筑取名为"凤凰阁"。

5.4 空间环境

5.4.1 上凤村村域空间环境建设

5.4.1.1 人口规模

2012 年末，按户籍口径上凤村农村人口为 820 人，265 户；常住人口为 715 人，232 户。15 个村民小组，下辖菜园头、新屋、隔坑、大丘、三官堂、书院、小五尖 7 个自然村。

上凤村的劳动力就业情况如表 5-2 所示。

表 5-2 　　　　　　　　　上凤村劳动力就业情况 　　　　　　　　单位：人

年份	劳动力资源数			农村从业人员	外出从业人员	出省从业人员
	男	女	小计			
2008	238	244	515	482	129	16
2009	239	236	512	475	129	16
2011	276	255	531	484	176	46
2012	276	261	537	482	175	55

资料来源：农村基本情况统计表

5.4.1.2 村域用地规划与空间布局

上凤村村域面积约 290 公顷，除了耕地、果园、山林与水域面积之外，村民住宅用地面积 2.2 公顷，道路面积 6 公顷，见图 5-7 和图 5-8。

5.4.2 上凤村村庄空间环境规划

5.4.2.1 村庄居民点土地使用规划

目前村民建房主要沿村内主要道路两侧发展。为结合旧村整治，新建宅基地主要沿道路发展，西边与菜园头村接壤，东北与大丘村接壤，形成一个相对完整的村庄结构。在小五尖山脚，利用现有地形高差，规划村民建房用地。应村民的要求，将村内西南侧已有的步行小路扩建为 5 米宽的道路，顺山势而下与村外道路相连接。划定适当建设用地，作为村民住宅建设备用地。

上凤村规划结构为"一心四片区"，其中"一心"为枇杷广场、石龙庙、村委会以及活动中心所形成的农村社区中心；"四片区"主要为村庄西北部、中部、东北部以及西南部的村民居住组团。

5.4.2.2 住宅用地布局规划

上凤村以现有村庄空间结构为基础，结合旧村整治，因地制宜，在村中及西北、东北规划村民住宅建设用地，以解决高山移民所急需的建设用地问题。远期向西南沿规划道路规划村民建房用地，形成较为完整的居住区域，见图 5-9。

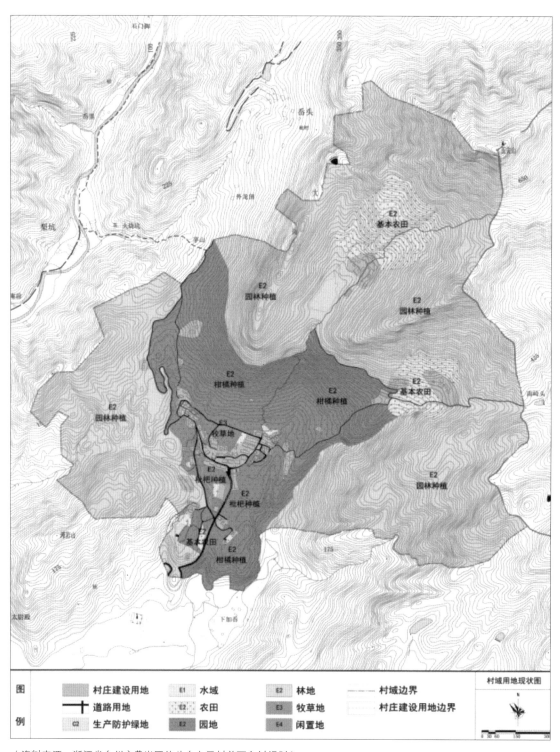

图例	▨ 村庄建设用地	E1 水域	E2 林地	— — — 村域边界	村域用地现状图 ⊕N
	╋ 道路用地	E2 农田	E3 牧草地	— — — 村庄建设用地边界	
	C2 生产防护绿地	E2 园地	E4 闲置地		0 30 60 150 500

（资料来源：浙江省台州市黄岩区屿头乡上凤村美丽乡村规划）

图 5-7　上凤村村域用地现状图

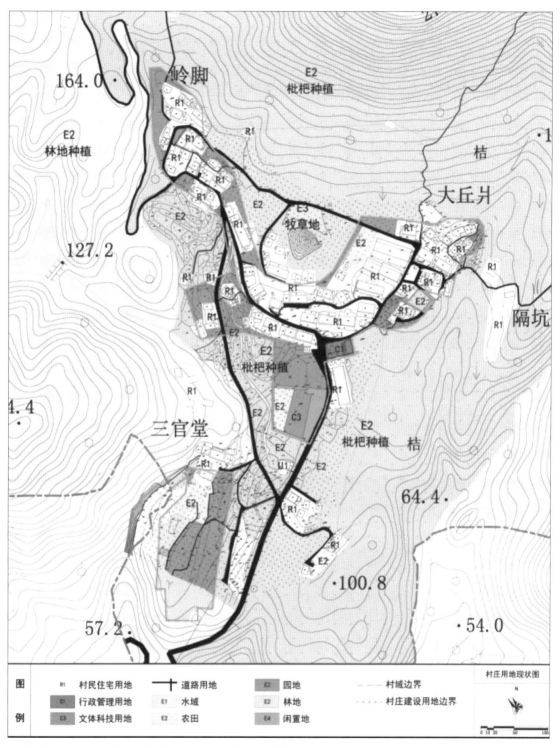

图例

R1	村民住宅用地	➕ 道路用地	E2	园地	— — — 村域边界
C1	行政管理用地	E1 水域	E2	林地	‥‥‥ 村庄建设用地边界
C3	文体科技用地	E2 农田	E4	闲置地	

村庄用地现状图

N

0 10 20   50   100

（资料来源：浙江省台州市黄岩区屿头乡上凤村美丽乡村规划）

图 5-8　上凤村村庄用地现状图

5.4.2.3 公共服务设施规划

（1）行政管理

现状上凤村村委办公用房位于进村主入口处，面积160平方米，建筑质量较差，不能满足未来发展需求。规划将村委会办公地点重新选址，新建于原址西侧，可与石龙庙遥相呼应，形成社区综合服务中心，并配置村委会办公室、综合会议室、邮政服务站、档案室、警务室等设施。

（2）文化体育

村庄入口处现有一处500平方米的活动广场，但为水泥地，未配置文体活动设施。规划在该广场上设置一个篮球场以及两个羽毛球场，形成多功能的场地。同时在该广场北面、新建一处文化活动中心，并配置综合文化活动室、老年文化活动室、儿童活动室、社区图书室等。

（3）教育设施

目前村内没有幼儿园，村民多为自带小孩。村内没有小学。根据人口规模预测，上凤村人口增长幅度较小，幼儿园、小学等教育设施仍可结合屿头乡集镇公共设施整体考虑，暂不新建。

（资料来源：浙江省台州市黄岩区屿头乡上凤村美丽乡村规划）

图5-9　上凤村初步规划方案

（4）医疗卫生

上凤村内没有卫生院，只配有乡医生一名，日常出诊行医，主要为村民提供日常医疗保健服务。规划新增一处社区卫生站，并与社区综合服务中心结合起来布置。

（5）商业服务

上凤村目前在村入口处设有村内村民自行开设的小卖部，规模较小，且布点较少。规划考虑将入口处庙对面的一栋空置的集体用房改造为超市，以满足村民日常的购物需求，同时也可以卖香火等物品，为庙服务。

5.4.2.4 道路系统布局规划

现状进村公路设在上凤村南侧。村内主要道路以水泥路面为主，老村路面为石板路，村民住宅间通路以石板路及泥路构成。

（1）道路系统布局规划

应当充分结合上凤村的地形地貌，在尊重现有的道路基础上，对原有道路系统进行梳理。规划将进村主路的道路红线拓宽至 11 米，其中车行道宽度为 7 米，每侧人行道宽度为 2 米；规划环绕村庄北部主路的道路红线拓宽至 6 米；村内支路拓宽至 4 米；村内步行道路宽度在 1.5~3 米之间。

（2）对外道路交通与设施规划

规划将村内西南侧已有的步行小路扩建为 5 米宽的道路，顺山势而下与进村道路相连接，分担村庄内部的车行交通的压力，并承担对外交通的职能，使得上凤村与外界的沟通更加便利。

（3）停车场规划

应考虑永久性停车场与临时性停车场相结合的布局方式。永久性的社会停车场主要设置在村庄的北部，结合枇杷节采摘区域以及农家乐设置，便于车辆停放；在枇杷节期间，村入口的 500 平方米的枇杷广场、进村的道路等可以作为临时停车场地使用。

（4）无障碍要求

社区公共服务设施建筑室内与社区活动场地建设，应满足残障人士或老年人轮椅车的无障碍同行要求。

5.4.2.5　市政基础设施规划

目前集镇自来水管网尚未接入村里，村民自行接管道将水从山顶水库水接下作为饮用水；村庄排水主要通过明沟排除，顺山而下，未能接入集镇市政管道；上凤村基本完成村庄电力、电信的改造工程。

规划应根据屿头乡集镇市政管网系统配置总体要求，全面考虑上凤村的给水、污水排放收集处理、垃圾收集、公共厕所等规划布置。其中，生活污水排放应规划管网统一收集，并采用生态化的处理方式形成独立单元的达标排放。

5.4.2.6　绿化景观规划

公共活动场地是能够为村民提供健身、文娱活动以及游憩的场所，同时为营造农村特有的社区文化氛围提供平台，并使之成为邻里之间联系的纽带和核心。公共场地的规划应当充分利用地势条件并结合水体，形成富有变化的景观。

在上凤村村民广场处形成全村主要的景观重点，结合村委会、文化活动中心以及石龙庙布置广场及中心绿地，进一步强化了公共中心的地位，从而形成温馨而有活力的农村社区公共生活空间；此外，在每个村民居住组团中均设置有组团绿地，组团绿地选择现有绿化条件较好的空地进行布局；宅间绿地要以乡土特色的种植为主，亦可种植高大果树乔木，适当布置休息座椅和活动场地；沿上凤村村庄西侧的河流形成沿河带状绿地，能够将村庄内的景观节点进行串连形成绿化网络。

6

第 6 章 "美丽乡村"规划类型四：屿头乡布袋坑村

屿头乡布袋坑村突出以山林生态环境资源和传统特色村落促进休闲养生旅游发展、提升乡村社会经济和文化发展的特色。

布袋坑村在强调自然景观的同时，通过"布袋和尚"传说这一宗教文化资源，为人们提供一处亲近大自然、回归自我，休闲养生的场所。布袋坑村通过将自然景观与人文内涵相联系，创造出一种独特的旅游环境，最大化地发挥旅游景观的价值，同时为当地带来经济效益。在空间规划设计及建造中，房屋建筑的建造应因地制宜，空间环境设计应精细化和小规模化，最大化地减小人工建造对自然环境的影响。同时随着村落旅游业的发展，游客的增加势必会对村落市政基础设施带来新的挑战，在规划设计和实施中一方面要加强市政基础设施规划和建设，另一方面应充分考虑村庄相应的游客容量，避免旅游过度发展对村庄造成生态环境负面影响。

6.1 类型概述

6.2 产业经济

6.2.1 布袋坑村村域产业经济与发展目标

6.2.2 布袋坑村村庄产业经济布局引导

6.3 社会文化

6.3.1 布袋坑村村域社会文化内涵与传承创新

6.3.2 布袋坑村村庄社会文化设施布局与功能引导

6.4 空间环境

6.4.1 布袋坑村村域空间环境建设

6.4.2 布袋坑村村庄空间环境规划

6.1 类型概述

黄岩区屿头乡布袋坑村地处黄岩西部山区，坐落于括苍山支脉，大基尖（海拔1252米）北面之布袋山上。布袋坑村距黄岩城区57公里，北邻临海市；西毗仙居县；是长潭水库四大支流柔极溪的源头之一。布袋坑村的平均海拔510米，常年平均气温在14℃~15℃之间（1月份平均气温4.8℃；7月份平均气温26.3℃），气候十分宜人。全村共有7个村民小组，149户，461人。

图6-1 布袋坑村实景

布袋坑村自然风光秀美，生态环境良好，全年气候温润，奇花异草广布，千年红豆杉、竹类中稀有品种"黄金嵌碧玉"、布袋和尚传说构成了布袋坑村的独特魅力。目前布袋坑村景区主要由三部分组成，即布袋山弥勒谷景区、布袋坑传统村落和布袋溪漂流。2010年布袋坑村被评为浙江省特色旅游村，被列入台州市十大特色村之一，是台州市摄影基地、美术写生基地。2014年，它被列入国家级历史文化村落名录。

布袋坑村的村庄四周皆为山所环绕，是较为典型的山地自然村落。山地提供了富有变化的地形，使得山地村落环境与自然山峦、河湾、林木、道路结成一体，依山而建的村民住宅建筑能够形成丰富的乡土文化以及多姿多彩的人文景观。

6.2 产业经济

6.2.1 布袋坑村村域产业经济与发展目标

6.2.1.1 布袋坑村产业经济发展现状

布袋坑村第一产业以种植果树为主。布袋坑村无工业企业。第三产业以旅游业为主，以布袋山景区、农家乐为重点发展对象。

布袋坑村三次产业农村经济总收入如表6-1所示。第一产业中主要是依靠种植业获得收入的，布袋坑村大部分村民以种植枇杷为主；由于本地无第二产业，因此外出务工的村民所获得的收入作为第二产业收入；第三产业农村经济总收入主要是布袋山景区旅游获得的收入。见表6-1。

表6-1　　　　　　　　　　布袋坑村三次产业农村经济总收入　　　　　　　　　　单位：万元

项目		2008年	2009年	2010年	2012年
农村经济总收入	总量	257	264	291	342
	第一产业经济总收入	112	120	129	68
	第二产业经济总收入	67	58	72	180
	第三产业经济总收入	78	86	90	94

资料来源：农村集体经济收益分配情况统计表

布袋坑村村民收入总额在 2008—2012 年呈依次递增的趋势，且在整个乡域范围内排名靠前，属于经济较为发达的村。缘于布袋坑景区旅游业的发展，农民的人均收入近五年内也呈上升趋势，截至 2012 年人均收入为 4 474 元，见表 6-2。

表 6-2 　　　　　　　　　　　　　　布袋坑村村民收入一览表

年份 收入	2008	2009	2010	2012
总额（万元）	127	130	143	208
人均（元）	2730	2805	3069	4474

资料来源：农村集体经济收益分配情况统计表

6.2.1.2　布袋坑村产业发展总体目标

（1）布袋坑村第一产业发展目标

布袋坑村自然资源丰富，果蔬品种多样，四季更迭；可积极利用现有产业基础，发展高山蔬菜种植，扩大特色农产品的种植规模，可结合旅游业形成具有规模的生态农业种植园区。

（2）布袋坑村第二产业发展目标

布袋坑村可适当发展与农产品、旅游业相关的且无污染的农产品加工业、旅游纪念品制作。

（3）布袋坑村第三产业发展目标

积极推进布袋坑村旅游业的发展。布袋山景区、柔极溪漂流已经吸引了大量游客，各种农家乐、旅馆等配套设施逐步完善，旅游服务业呈加速发展态势，就业人口比重不断扩大，农民收入稳步提高。

结合山林生态环境资源和传统特色村落的优势，促进中高端休闲养生旅游业发展，充分挖掘布袋坑村蕴藏的"布袋和尚"文化内涵，结合布袋传说，继承和发扬民间传统文化，因地制宜，推进当地旅游文化、农业特色产品和观光体验农业产业的发展。在实现全村经济发展的同时，传承中国历史文化村落的乡土特色，使布袋坑村成为"美丽乡村"类型示范。

6.2.2　布袋坑村村庄产业经济布局引导

6.2.2.1　村庄主导产业

根据《屿头乡乡域总体规划修编》（2013—2030），布袋坑村作为旅游服务型的村庄职能定位，主导产业以农作物种植（高山蔬菜）为主。重点发展村庄旅游业，同时需考虑布袋坑村与黄岩西部旅游景区和服务接待网络的建构。在突出旅游服务的基础上完善自主接待能力及旅游项目的创新性策划。

6.2.2.2　村庄游客容量初步预测

初步预测近期布袋坑村旅游旺季日均游客数量约为 3 000 人，远期约为 6 000 人。由于所需接待住宿量远大于布袋坑村的设施供应承载力，因此，布袋坑村的旅游住宿应与屿头乡其他村如沙滩村、石狮坦村、上凤村等共同分担。

6.2.2.3 村庄旅游功能布局

规划以村庄现有建设用地范围为限,以土地集约使用和尊重地形、山水自然环境为原则,落实旅游产业在村庄层面的功能策划与空间布局,见图6-2。

6.3 社会文化

6.3.1 布袋坑村村域社会文化内涵与传承创新

6.3.1.1 布袋坑村村域文化内涵

布袋坑村的乡土文化特征十分突出,包括山水文化、宗教文化以及传统建筑文化等内涵。

布袋坑村现有旅游文化元素主要有布袋山景区及布袋山历史文化村落、弥勒佛教文化、布袋坑馒头等。布袋山景区和布袋山历史文化村落建设应注重保护自然景观风貌和传统建筑风貌特色。弥勒佛的化身——唐末至五代时僧人布袋和尚游方到此,并在此布道,信众颇多。于是,老百姓将村名改为"布袋坑村",还在村中修建了一座弥勒寺,供奉弥勒佛。此外,布袋坑的馒头作坊远近闻名,极大地提高了布袋坑村的人文魅力和知名度,见图6-3。

6.3.1.2 布袋坑村村域社会文化传承创新

尊重布袋坑村的乡土文化,注重保护、传承和发扬乡土特色。在对具有乡土景观特色的地形、地貌以及传统建筑景观风貌予以尊重和保护的前提下,对布袋坑村的空间环境进行改善和提升。将布袋坑村建设成为以佛教文化、休闲养生文化、农耕文化、传统村落建筑文化、农家美食文化五个主题的特色鲜明的美丽乡村。

(1)佛教文化

布袋坑村的村名相传来自弥勒佛,民间传说中的弥勒佛——唐末至五代时僧人布袋和尚游方到此,并在此布道,"布袋坑村"村名由此而来。村中修建了一座弥勒寺,但原有弥勒寺遭毁,目前已恢复重建,见图6-4。

(2)农耕文化

布袋坑村的村民主要以农业种植为主,坡地种植枇杷、杨梅以及板栗,其中有一半以上的农户种植枇杷,成为该村的特色种植品种;少量耕地以水稻种植为主。建议保留其农耕文化的特色,在此基础上,将农业种植与农业观光相结合,让游客能够体会到农耕的乐趣,见图6-5。

(3)休闲养生文化

布袋坑村风光秀美,植被丰富,溪流从村庄内自北向南流过。山上空气清新,环境宜人,适合休闲养生度假。休闲养生文化是以休闲和养生活动为主要目的,旨在帮助城市中压力较大的人群放松身心、修身养心。布袋坑村良好的生态环境和传统村落建筑为休闲养生文化所倡导的回归自然、亲近自然、融于自然的理念奠定了良好的基础,见图6-6。

(4)传统建筑文化

布袋坑村古老的宗教建筑遗迹、具有浓厚乡土特色的传统民居建筑和传统滨水老街构成了布袋坑村别具特色的历史文化村落风貌。见图6-7。

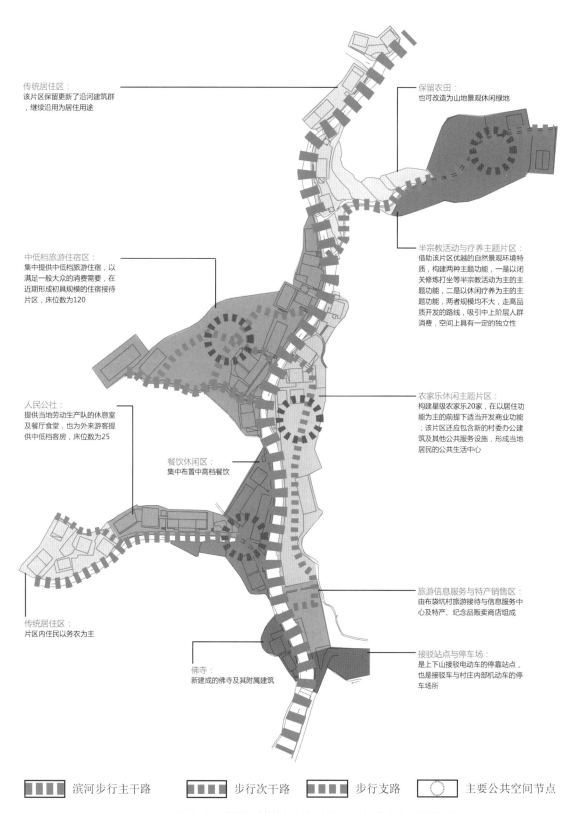

传统居住区：
该片区保留更新了沿河建筑群，继续沿用为居住用途

保留农田：
也可改造为山地景观休闲绿地

中低档旅游住宿区：
集中提供中低档旅游住宿，以满足一般大众的消费需要，在近期形成初具规模的住宿接待片区，床位数为120

半宗教活动与疗养主题片区：
借助该片区优越的自然景观环境特质，构建两种主题功能，一是以闭关修炼打坐等半宗教活动为主的主题功能，二是以休闲疗养为主的主题功能，两者规模均不大，走高品质开发的路线，吸引中上阶层人群消费，空间上具有一定的独立性

人民公社：
提供当地劳动生产队的休息室及餐厅食堂，也为外来游客提供中低档客房，床位数为25

农家乐休闲主题片区：
构建星级农家乐20家，在以居住功能为主的前提下适当开发商业功能；该片区还应包含新的村委办公建筑及其他公共服务设施，形成当地居民的公共生活中心

餐饮休闲区：
集中布置中高档餐饮

传统居住区：
片区内住民以务农为主

旅游信息服务与特产销售区：
由布袋坑村旅游接待与信息服务中心及特产、纪念品贩卖商店组成

佛寺：
新建成的佛寺及其附属建筑

接驳站点与停车场：
是上下山接驳电动车的停靠站点，也是接驳车与村庄内部机动车的停车场所

滨河步行主干路　　步行次干路　　步行支路　　主要公共空间节点

图 6-2　布袋坑村村庄产业功能布局与公共空间结构图

98

图6-3　布袋坑村村庄入口

（图片来源：http://www.zjbds.com/）

图6-4　弥勒寺内景

图6-5　村庄种植园

图6-6　滨水景观

图6-7　传统建筑

（5）农家美食文化

布袋坑村农家美食众多，富有特色。其山田肥沃，盛产各类果蔬；山地丘陵起伏，盛产山珍野味，农舍鸡鸭成群，这些无不为饮食烹饪提供了多样的原料。布袋坑的馒头松软香甜，远近闻名，深受游客的赞誉。根植于浙菜的山野土鸡、原味豆腐、咸菜烧笋、胖头鱼头等布袋坑农家菜，其选料讲究，烹饪独到，注重本味。制作精细的各类菜色风格，构成了布袋坑村丰富且独具魅力的农家饮食文化。

6.3.1.3 布袋坑村村民公众参与、社会组织与社会发展

（1）充分发挥布袋坑村村民组织管理作用

布袋坑村将自上而下的政府组织的管理模式，与村民自发参与村庄治理的模式相结合，充分发挥布袋坑村村集体组织管理和村民有效监督的作用。

（2）推进村民参与进程

积极推进布袋坑村村民参与公共事务决策的进程。布袋坑村应建立公共事务决策小组，负责决策社区规划和乡村建设的公共事务。积极利用村内新建的农村社区综合服务和活动中心这一平台，建立较为完善的村民监督与信息反馈机制。

（3）布袋坑村农村社区长效管理

推进布袋坑村社会发展规划的实施，建立村民对社区规划、建设和村庄重大决策等发展事务的公共参与和行政管理之间的日常沟通机制，及时反映布袋坑村的民意，注重布袋坑村规划建设的长效管理。

6.3.2 布袋坑村村庄社会文化设施布局与功能引导

布袋坑村村庄沿主要溪流周边分布着一系列建筑质量良好的乡土特色村民住宅建筑。建筑保留完整，具有较好的观赏和使用价值，但是随着时代的发展，原有的功能已不能满足现在日常生活设施的需要，村庄内部局部环境衰败或废弃严重，游憩和社会文化活动缺少相应的公共活动空间，因此规划将对街巷空间进行功能更新，并注入适合布袋坑村当前和未来一定时期内发展所需的社会文化功能和旅游服务设施，通过以佛教文化、休闲养生文化、农耕文化、传统建筑文化、农家美食文化五个主题为核心的社会文化设施和空间的功能布局，带动整个村庄建筑及环境的功能再生，见图6-8和图6-9。

6.4 空间环境

6.4.1 布袋坑村村域空间环境建设

6.4.1.1 人口规模

（1）现状人口基本情况

根据布袋坑村《农村基本情况》统计表，到2013年八月初，布袋坑村共有村民小组7个，总户数为149户，户籍人口461人，其中男性为238人，女性为223人。2008年至2012年期间，布袋坑村户籍人口发展呈现下降趋势，年平均增长率约为-1.4‰。常住人口增长

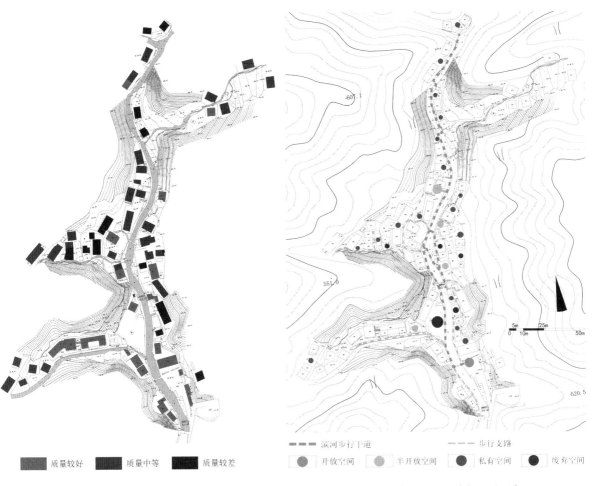

质量较好　质量中等　质量较差

图 6-8　村庄现状建筑质量分析图

――― 滨河步行干道　――― 步行支路
○ 开放空间　○ 半开放空间　● 私有空间　● 废弃空间

图 6-9　村庄现状公共空间系统分析图

波动较大，2008 年至 2009 年间的增长率为 -55.7‰。2011 年到 2012 年增长率为 -26.9‰。
综合增长率为户籍人口增长率和常住人口增长率的平均值，见表 6-3。

表 6-3 　　　　　　　　　　　　　布袋坑村人口基本情况

人口 年份	按户籍口径农村人口		户籍人口增长率	农村常住人口		常住人口增长率	综合增长率
	户数（户）	人口数（人）		户数（户）	人口数（人）		
2008	148	467	—	142	359	—	—
2009	150	469	4.3‰	139	339	-55.7‰	-25.7‰
2011	151	468	-2.1‰	135	409	206.5‰	102.2‰
2012	150	465	-6.4‰	126	398	-26.9‰	-16.7‰

资料来源：农村基本情况统计表

截至 2012 年，按户籍口径统计，布袋坑村拥有劳动力 270 人。布袋坑村的劳动力就业
情况，见表 6-4 和表 6-5。

表 6-4					布袋坑村劳动力就业情况			单位：人
人口 年份	农村从业人员			劳动年龄内 从业人员	本村从业人员	外出从业人员	出省从业人员
	男	女	小计				
2008	134	115	249	233	152	88	27
2009	135	132	267	233	152	88	27
2011	138	135	273	253	143	99	31
2012	140	130	270	248	142	98	30

资料来源：农村基本情况统计表

表 6-5					布袋坑村劳动力资源和各产业从业人口数				单位：人
年份	农、林、牧、渔业从业人员					工业从业 人员	建筑业从业 人员	其他行业 从业人员	劳动力 资源数	户籍人口 总数
	合计	农	林	牧	渔					
2008	87	50	14	18	5	71	29	15	265	467
2009	87	50	14	18	5	84	29	14	288	469
2011	81	44	15	14	8	82	35	75	299	468
2012	82	43	16	15	8	81	37	70	303	465

资料来源：农村基本情况统计表

（2）村域人口规模预测

基于屿头乡乡域村庄体系规划，布袋坑村作为中心村，同时又是美丽乡村示范点与旅游发展区，综合考虑自然环境及地形条件的影响，至 2030 年，规划村域人口约 900 人。形成经济实力较强、基础设施和公共服务设施较为完备的美丽乡村。

6.4.1.2　村域用地规划与空间布局

（1）村域空间环境现状

① 现状用地规模。布袋坑村域面积约 857 公顷，耕地面积 15.8 公顷（237 亩），水田面积 6.17 公顷（100 亩）。村庄总用地面积约 4.31 公顷，建设用地 3.88 公顷，其中住宅用地面积 2.83 公顷，公共设施用地 0.14 公顷，村庄范围内道路面积 0.65 公顷，见图 6-10 和图 6-11。

② 现状道路情况。进村道路设在布袋坑村南侧，村内主要道路以水泥路面为主，老村路面为石板路，村民住宅间通路以石板路及泥路构成。

③ 现状基础设施。布袋坑村基础设施相对落后，村民自行接管道将水从青尖顶水库接下作为饮用水；村庄雨水排水主要通过明沟排放，尚无污水处理设施；村庄内设有垃圾收集箱、公共厕所；目前布袋坑村基本完成村庄电力、电信的改造工程。

（2）村域用地规划与空间布局

在布袋坑村村域土地使用规划的层面上，以旅游服务业发展为核心，统筹考虑其它相关产业的发展需求。在村域层面落实旅游、居住等功能布局，通过建筑与空间环境组织使旅游活动功能形成有机整体，见图 6-12 和图 6-13。

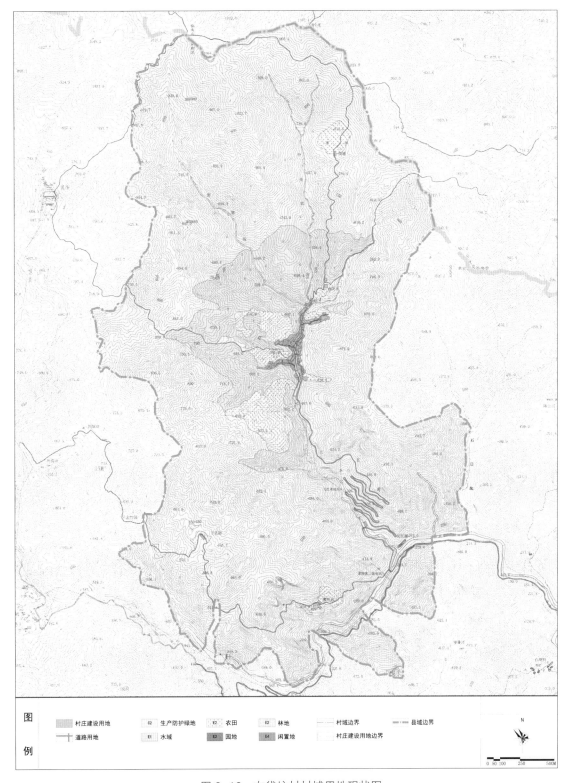

图例

村庄建设用地　　　C2 生产防护绿地　　　E2 农田　　　E2 林地　　　村域边界　　　县域边界

道路用地　　　E1 水域　　　E2 园地　　　E4 闲置地　　　村庄建设用地边界

N

0 50 100　　250　　　500M

图 6-10　布袋坑村村域用地现状图

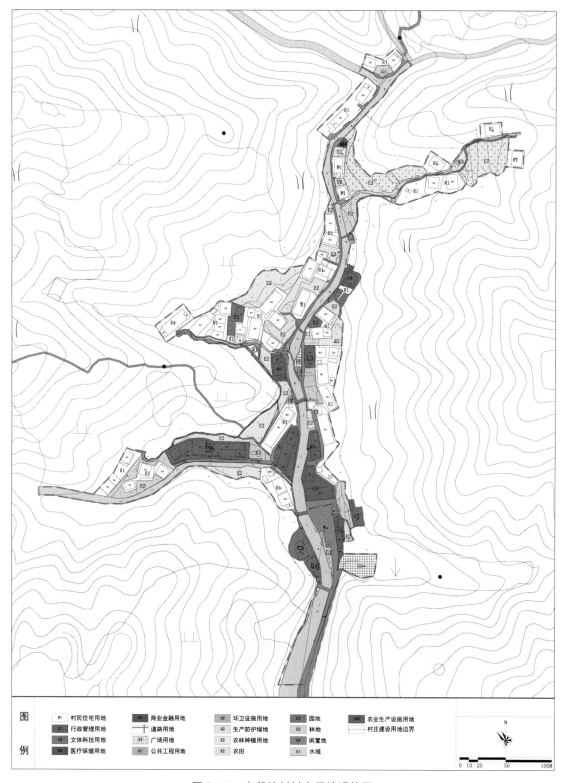

图 例

R1	村民住宅用地	C5	商业金融用地	U2	环卫设施用地	E2	园地	M4	农业生产设施用地
C1	行政管理用地		道路用地	G2	生产防护绿地	E2	林地		村庄建设用地边界
C3	文体科技用地		广场用地	E3	农林种植用地	E4	闲置地
C6	医疗保健用地	U1	公共工程用地	E2	农田	E1	水域

N

0 10 20   50   100M

图 6-11 布袋坑村村庄用地现状图

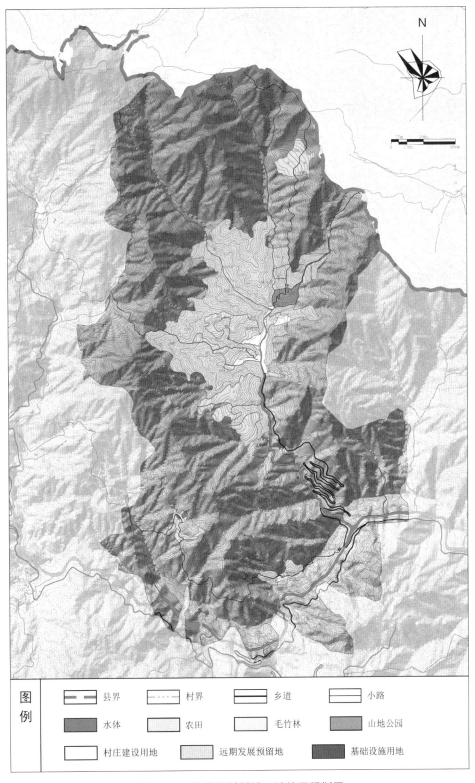

图例	县界	村界	乡道	小路
	水体	农田	毛竹林	山地公园
	村庄建设用地	远期发展预留地	基础设施用地	

图 6-12 布袋坑村村域土地使用规划图

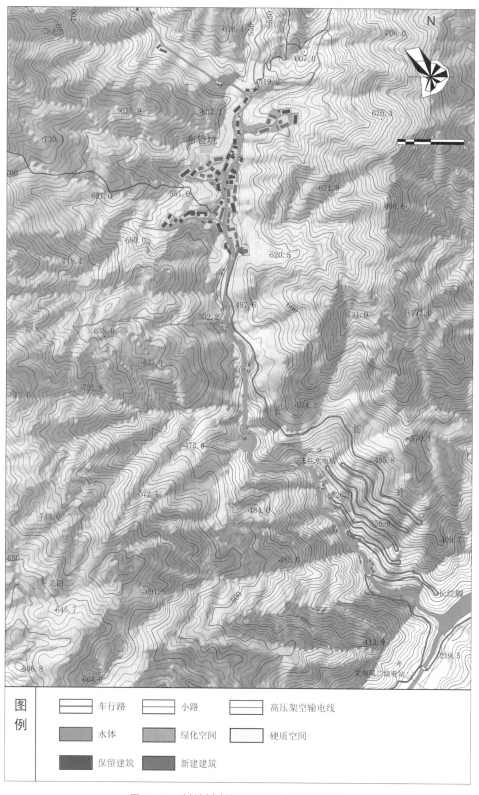

图 6-13　村域村庄与游览环境布局规划图

6.4.2　布袋坑村村庄空间环境规划

6.4.2.1　规划布局原则

根据特色风貌保护，促进生态农业和旅游业发展的原则，因地制宜，以社会效益、经济效益与环境效益三者统一为基础，注重布袋坑村优质生态环境，将功能布局、住宅组织、道路系统、绿化系统与市政基础设施，统一规划，指导整体发展。见图6-14。

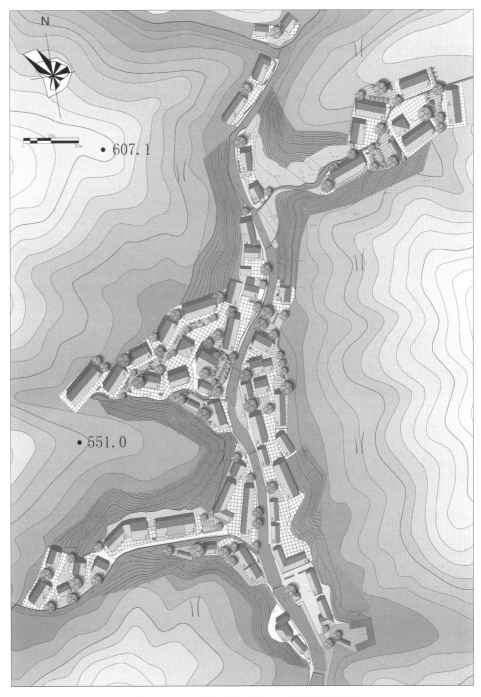

图6-14　布袋坑村村庄建筑与环境规划方案

6.4.2.2　社区公共服务设施规划配置

规划在保留现状的部分公共服务设施的基础上，根据提升村民日常生活便捷程度和游客接待能力的总体目标，合理地安排公共服务设施，通过合理地安排公共服务设施，来组织农村社区的公共生活，村落内主要的开放空间相结合，营造温馨的家园感受和富有活力的社区活动空间。规划新增一处卫生站，与社区综合服务中心结合布置；村入口新增超市一处，以满足村民及游客的日常消费需求，见图 6-15 和图 6-16。

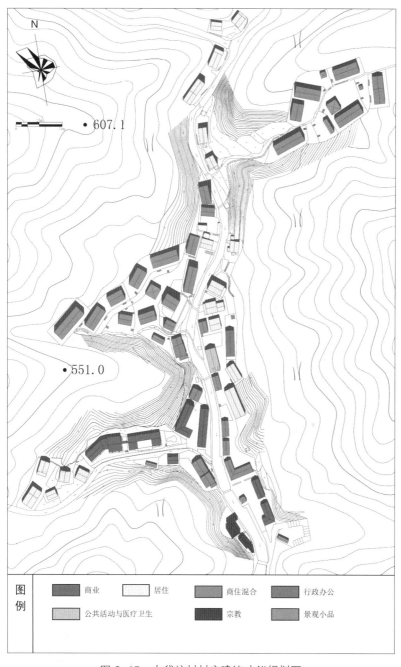

图 6-15　布袋坑村村庄建筑功能规划图

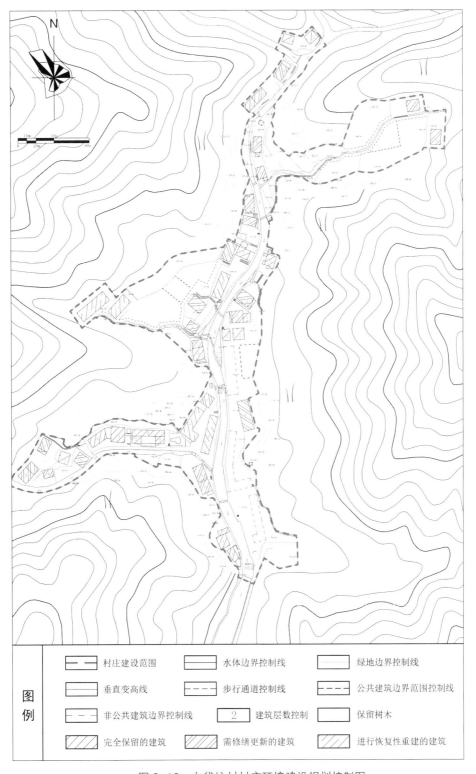

图例

村庄建设范围	水体边界控制线	绿地边界控制线
垂直变高线	步行通道控制线	公共建筑边界范围控制线
非公共建筑边界控制线	2 建筑层数控制	保留树木
完全保留的建筑	需修缮更新的建筑	进行恢复性重建的建筑

图 6-16 布袋坑村村庄环境建设规划控制图

6.4.2.3 村落建筑规划管理

沿规划道路两侧新建、改建的建筑物，后退道路规划红线的距离应按道路的性质，道路宽度的要求控制。村主路、支路两侧按后退1.5米控制，以满足村民和游客步行需求。建议部分采用骑楼形式，加强室内外空间的整体性。

新建房屋应当充分结合布袋坑村的地形地貌，沿街建筑原则上控制在两层，采用坡屋面，沿街建筑应保持传统街巷空间的连续性。

6.4.2.4 道路交通规划

伴随着布袋坑村旅游业的发展，人流和物流都会有相应的增加，布袋坑村的道路系统应以原有的路网系统为骨架，完善步行道系统，在主巷滨水道路结构的基础上，扩展纵深的步行路网系统。旅游停车场主要以设在山下大型旅游车停车场为主。村内基本以步行为主，少量停车供村民和特定需求使用。

6.3.2.5 村庄河道整治规划

应常年保持溪流生态环境品质，维护水系自然生态景观风貌。杜绝一切对溪流造成负面影响的人为活动，保持水流畅通，河面清洁，见图6-17。

护岸的建设在满足防洪要求的前提下，保持岸线的亲水性、景观性和多样性。可在一些重要空间节点或景观处，设置观景平台等环境小品，见图6-18。

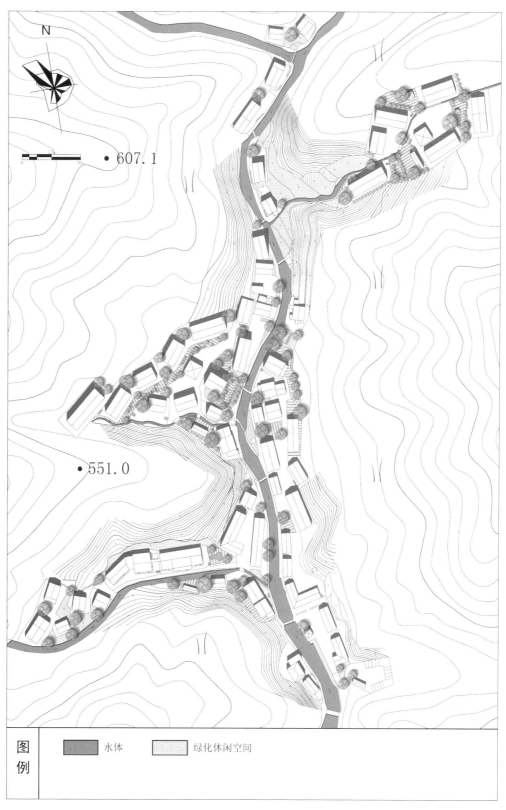

N

• 607.1

• 551.0

图例

████ 水体　　▭ 绿化休闲空间

图 6-17　布袋坑村村庄绿化水系规划图

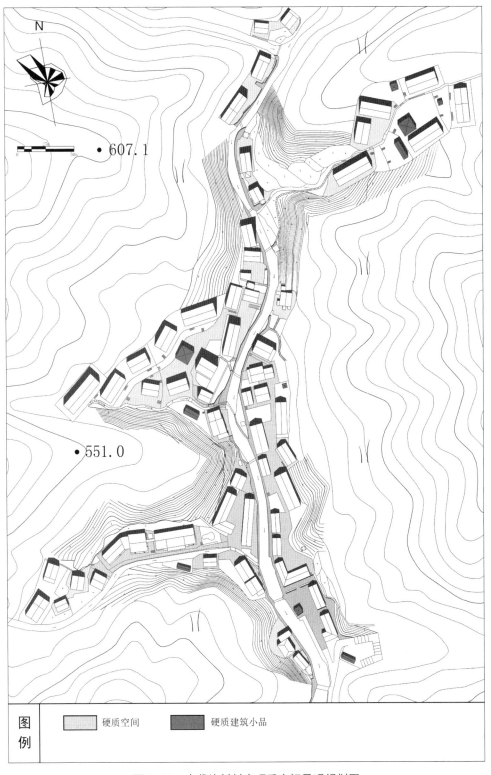

图 6-18　布袋坑村村庄硬质空间景观规划图

图例内容：硬质空间　硬质建筑小品

6.4.2.6　村庄风貌控制建议与措施

为了使布袋坑的村庄建设体现国家历史文化村落风貌保护的要求，使之传统风貌上能达到统一，同时考虑到现状和经济条件及可操作的原则，对布袋坑村的建筑及外部空间提出保护与更新要求。

（1）保留（一类）。对1990年代以后新建的建筑物，砖混结构，质量较好，同时与村庄环境冲突不大的，采取保留措施，维持现状。

（2）整治（二类）。对建筑质量尚好，但建筑风貌和外观与村庄整体风貌环境有冲突或功能布局不适应使用需求的，允许村民对外立面及内部平面进行整治和改造。

（3）拆除（三类）。临时违章建筑或质量较差建筑应采取拆除措施。

规划新建筑的形式应保持原有风格和色彩特征，以坡屋顶为主，体量不宜太大，墙面色彩应保持既有传统建筑主调，屋顶采用小青瓦，保持村落整体风貌特色。见图6-19。

图6-19　布袋坑村村庄整体风貌控制示意图

7

第 7 章 "美丽乡村"规划类型五：头陀镇白湖塘村

　　头陀镇白湖塘村将传统加工业，即制糖、酿酒业的工艺特色传承、演绎并发扬光大，形成乡村产业特色，并协同带动村庄产业、文化、环境共同发展。

　　在产业发展发面，保持原汁原味的制作工艺，定期设置展销会促进产业交流及产品销售，并展示生产线促进生产技术交流进步；同时与第三产业农家乐旅游相结合，留住游客，形成产业链的一体化发展，扩大其影响力和知名度，进一步提升经济效益。在社会文化方面，深入挖掘传统产业的文化内涵，设置产业博物馆，精心规划制糖酿酒工艺的展示参观流线，将制造过程、制造设备进行包装展示，同时配套设置旅游纪念品店，在吸引游客参观的同时更可以达到宣传的作用，促进传统手工业文化的传承与创新。在空间环境方面，将头陀镇制糖厂、酿酒厂与白湖塘村的景观环境优势以及建筑风貌改造的人文景观相呼应；并将制糖、酿酒博物馆作为重要节点纳入白湖塘村的规划结构以及旅游线路之中，与青山、白鹭、荷池、佛寺等白湖塘村其他的特色空间环境优势串为一体，相辅相成，共同塑造"美丽"白湖塘村。

7.1 类型概述

7.2 产业经济
7.2.1 头陀镇镇域产业经济概况
7.2.2 白湖塘村村域产业经济与发展目标

7.3 社会文化
7.3.1 头陀镇镇域社会文化概况
7.3.2 白湖塘村村域社会文化内涵与传承创新
7.3.3 白湖塘村村民公共参与和社会发展

7.4 空间环境
7.4.1 头陀镇镇域空间环境概况
7.4.2 白湖塘村村域空间环境建设
7.4.3 白湖塘村村庄空间环境规划

7.1 类型概述

白湖塘村位于黄岩区头陀镇镇区西部，东靠洪屿后山，南与82省道相邻，西与北洋镇相接，北与胡垞村接壤，距镇区中心仅1公里左右。82省道延伸线紧靠本村，交通便捷。辖区总面积约97.6公顷（1464亩），其中耕地面积20.1公顷（314.3亩），山林面积28.1公顷（421亩）。白湖塘村温和湿润、雨量充沛、四季分明，气候条件优越。其村

图7-1 白湖塘村实景

域范围内中部以平原缓坡地形为主，南北两侧为山地。景观环境宜人，是白鹭的栖息地。

由于白湖塘村具有良好的区位优势和交通条件，可以受到头陀镇较好的经济辐射作用。白湖塘村目前红糖、酿酒工艺已经成熟，并且成为一种品牌名扬周边地区。同时，白湖塘村拥有丰富的旅游资源，白鹭栖息地是白湖塘村的一大特色，这为村域特色旅游产业发展提供了基础。

在建设过程中白湖塘村面临以下挑战：如何合理利用现有自然资源，利用区位和交通优势，整合村庄产业，建设可持续发展的美丽乡村；如何协调生态环境保护与第二产业发展之间的关系，利用、保护和发扬白湖塘村宜人的自然生态环境、富有特色的手工艺，避免传统制造业带来的污染和影响。因此，在规划中应突出白湖塘村的优势，塑造"诗画白湖塘"美丽乡村特色。通过对白湖塘村传统特色产业、农家乐旅游、以白鹭栖息地自然生态保护和观赏为特色的进一步发展,全面促进白湖塘村的乡村产业经济社会文化和物质空间环境的品质提升。

7.2 产业经济

7.2.1 头陀镇镇域产业经济概况

7.2.1.1 发展现状

白湖塘村的产业经济以头陀镇的产业经济发展为背景。

头陀镇2012年三次产业总产值为52415万元，其中以第二产业为主，占总产值的55%，见表7-1。到2012年，三次产业产值稳定增长，其中第一和第三产业增长较为明显，见图7-2。头陀镇第一产业以水果和茭白为主导产业；第二产业以机电、塑料模具等工业产业为主导；第三产业以旅游业、商饮业为主。

表7-1　　　　　　　　头陀镇三次产业农村经济总产值表

项目		2008年	2009年	2010年	2011年	2012年
产业总收入 （万元）	总量	38287	41893	44355	48558	52415
	第一产业	5931	7022	10224	12510	15002
	第二产业	26962	26602	26384	28057	28858
	第三产业	5394	8269	7747	7991	8555

资料来源：黄岩区农村经济情况统计表

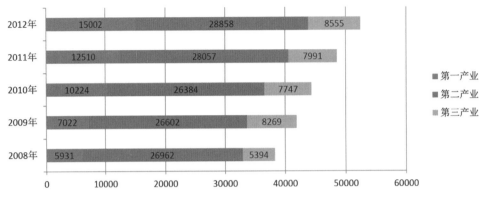

（资料来源：黄岩区农村经济情况统计表）

图 7-2　头陀镇三次产业农村经济总收入比较图

（1）第一产业发展现状

头陀镇 2012 年第一产业总产值为 15002 万元，相比 2011 年增长了 20%。耕地面积 1 224.7 公顷（18371 亩），粮食总产量 3607 吨；果园面积 809.5 公顷（12142 亩），总产量 13511 吨，主要种植水果为柑橘、杨梅、枇杷，见表 7-2。

表 7-2　　　　　　　　　头陀镇第一产业农民经济总产值结构一览表

年份＼收入	农业收入（万元）			林业收入（万元）	牧业收入（万元）	渔业收入（万元）	总产值（万元）
	小计	种植业收入	其他农业收入				
2008 年	5483	5010	473	96	348	4	5931
2009 年	6542	5762	780	101	344	35	7022
2010 年	9725	8815	910	70	389	40	10224
2011 年	11300	9830	1470	60	1080	70	12510
2012 年	13350	11860	1490	90	1462	100	15002

资料来源：黄岩区农村经济情况统计表

（2）第二产业发展现状

头陀镇 2012 年第二产业总产值 28858 万元，从业人员 8681 人，工业企业单位 78 家。头陀镇工业以机电、塑料模具、工艺品等产业为主。

（3）第三产业发展现状

头陀镇自然景观资源丰富，永宁江自西向东流经镇域内南部，元同溪自北向南穿境而过。台州市唯一的省级风景名胜区——划岩山位于头陀境内。丰富的山水资源为头陀镇旅游业发展带来广阔前景。

2012 年第三产业农民经济总收入 8555 万元，其中商饮业增加较为明显见表 7-3。

表 7-3		头陀镇第三产业总产值一览表			（单位：万元）
收入 年份	运输业收入	商饮业收入	服务业收入	其他收入	总产值
2008 年	2159	1151	567	1517	5394
2009 年	2296	1422	655	3896	8269
2010 年	2291	1390	626	3440	7747
2011 年	2290	1540	636	3525	7991
2012 年	2485	2794	530	2746	8555

资料来源：黄岩区农村经济情况统计表

7.2.1.2 头陀镇各村产业经济优势分析比较

将白湖塘村放在整个镇域的产业经济背景下，与头陀镇其他各村农民人均收入、经济总收入、从业人员数、三产经济收入等产业经济数据进行比较，分析白湖塘村所处的产业经济优势，为其产业的进一步发展方向提供依据。

（1）农民人均收入

白湖塘村 2012 年农民人均收入在头陀镇 38 个村中处于第 11 位（图 7-3），为 6049 元。与头陀、浦口等村的 8000 多元仍有较大差距，农民生活水平处于中上水平。

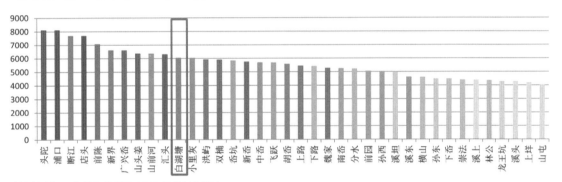

（资料来源：台州市黄岩区 2012 年统计年报）

图 7-3　头陀镇 2012 年各村农民人均收入（元）（线框内为白湖塘村）

（2）农村经济总收入

头陀镇 2012 年各村农村经济总收入差距较大，断江村排在第一位，为 2050 万元。白湖塘村为 650 万元（图 7-4），处于第 20 位，经济发展处于中等偏下水平。

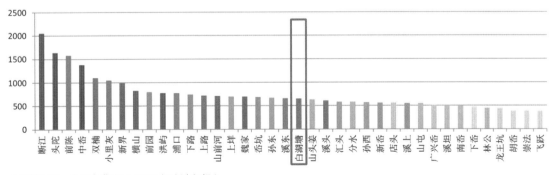

（资料来源：台州市黄岩区 2012 年统计年报）

图 7-4　头陀镇 2012 年各村农村经济总收入（万元）（线框内为白湖塘村）

（3）从业人员数

白湖塘村 2012 年农村从业人员数为 542 人，处于全镇第 23 位（图 7-5），从业人员数位于中等偏下水平。

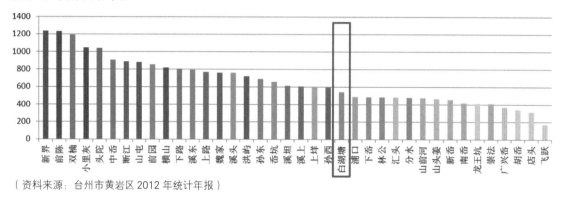

（资料来源：台州市黄岩区 2012 年统计年报）

图 7-5　头陀镇 2012 年各村从业人员数（人）（线框内为白湖塘村）

（4）第一产业经济收入

白湖塘村 2012 年第一产业经济收入为 280 万元，落后于断江、中岙等村，处于全镇第 24 位（图 7-6），以种植糖蔗、水稻、果蔬等经济作物为主。

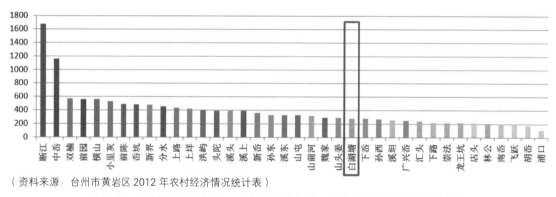

（资料来源：台州市黄岩区 2012 年农村经济情况统计表）

图 7-6　头陀镇 2012 年第一产业经济收入（万元）（线框内为白湖塘村）

（5）第二产业经济收入

白湖塘村 2012 年第二产业经济收入为 120 万元，处于全镇第 15 位（图 7-7），以酿酒、塑料加工、汽车配件为主。第二产业发展处于中等水平。

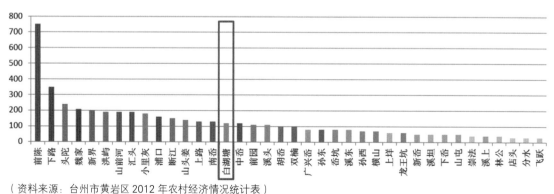

（资料来源：台州市黄岩区 2012 年农村经济情况统计表）

图 7-7　头陀镇 2012 年第二产业经济收入（万元）（线框内为白湖塘村）

（6）第三产业经济收入

白湖塘村2012年第三产业经济收入为250万元，处于全镇第9位（图7-8），以旅游业为主。第三产业发展在全镇处于较高水平，也是白湖塘村的优势所在。

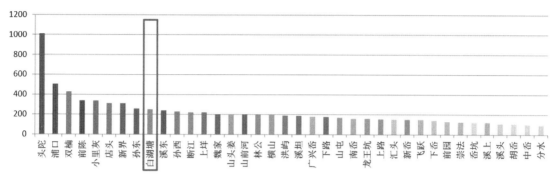

（资料来源：台州市黄岩区2012年农村经济情况统计表）

图7-8　头陀镇2012年第三产业经济收入（万元）（线框内为白湖塘村）

7.2.1.3　头陀镇优势产业分析

通过计算区位商分析方法，分析白湖塘村在头陀镇范围内具有一定地位的优势产业。

区位商主要是指在区域分工中某产业或产品生产区域化的水平。通过产业或产品生产区域化的比较显现出区域分工的基本格局与区域比较优势的方向。

在这里指将白湖塘村各行业经济收入与经济总收入之比和头陀镇该行业经济收入与经济总收入之比相除所得的商，并根据区位商Q值的大小来衡量其专门化率。可计算出白湖塘村不同行业相对于头陀镇其他村同类行业的区位商。一般来讲，如果产业的区位商大于1.5，则该产业在当地具有明显的比较优势。

以黄岩区2012年农村经济情况统计表为准，2012年白湖塘村的分行业经济收入与头陀镇的分行业经济收入表格见表7-4。

表7-4　　　　　　　　头陀镇及白湖塘村分行业经济收入表（单位：万元）

收入类型 \ 村庄	头陀镇	白湖塘
经济总收入	52415	650
农林牧渔业经济收入	15002	280
工业、建筑业经济收入	28858	120
运输业经济收入	2485	80
商饮业、服务业经济收入	6070	170

资料来源：台州市黄岩区2012年农村经济情况统计表

区位商计算公式如下式所示：

$$Q=\frac{\dfrac{N1}{A1}}{\dfrac{N0}{A0}}$$

其中N1为白湖塘村某行业经济收入；A1为白湖塘村所有行业经济总收入；N0为头陀镇该行业经济收入；A0为头陀镇所有行业经济总收入。

因此按照上述公式，算得的各行业区位商如表7-5所示。

表 7-5　　　　　　　　　　　　白湖塘村各行业区位商

	农林牧渔业	工业、建筑业	运输业	商饮业、服务业
区位商	1.51	0.34	2.6	2.26

白湖塘村的工业、建筑业区位商小于1，在头陀镇无优势；农、林、牧、渔业的区位商为1.51，在头陀镇范围内较有优势；运输业和商饮业、服务业区位商都远大于1.5，在头陀镇具有明显的比较优势。

由此可见，运输业和商饮业、服务业可以作为白湖塘村的主导产业。第二产业应发展创新型的、附加值高的产业，第三产业发展以旅游、第三方物流（生产型服务业）为主。充分利用白湖塘村便捷的交通区位和丰富的山水资源优势。

7.2.2　白湖塘村村域产业经济与发展目标

7.2.2.1　白湖塘村产业发展现状

白湖塘第一产业以种植糖蔗、水稻、果蔬等经济作物的农业为主，兼有牧副渔业。第二产业以制糖、酿酒的食品工业为特色，以塑料加工、汽车配件为主。第三产业以旅游业为主，以农家乐为重点发展对象，同时拓展其他依附于旅游资源的新兴产业见表7-6和图7-9。

表 7-6　　　　　　　　　　白湖塘村三次产业现状总产值　　　　　　　　　单位：万元

项目	年份	2008年	2009年	2010年	2011年	2012年
产业总产值	总量	336	401	440	460	650
	第一产业	130	150	180	170	280
	第二产业	40	40	50	80	120
	第三产业	166	211	210	210	250

资料来源：农村集体经济收益分配情况统计表

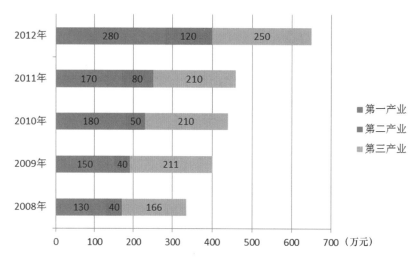

（资料来源：农村集体经济收益分配情况统计表）

图 7-9　白湖塘村三次产业总收入分布图

白湖塘村村民收入总额在 2008—2012 年间呈依次递增趋势，在整个乡域范围内名列前茅，农民的收入也呈现上升趋势，人民生活水平逐步提高见表 7-7 和图 7-10。

表 7-7 　　　　　　　　　　　　白湖塘村农民收入所得表

收入 ＼ 年份	2008	2009	2010	2011	2012
总额（万元）	280	258	273	319	473
人均（元）	3594	3600	3514	3948	6049

资料来源：农村集体经济收益分配情况统计表

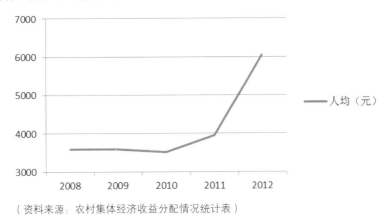

（资料来源：农村集体经济收益分配情况统计表）

图 7-10　白湖塘村农民人均收入所得变化趋势图

7.2.2.2　白湖塘村产业发展总体目标

以白湖塘村传统特色手工业为基础，以白湖塘村的酿酒、红糖等为传统特色产业的引领，积极拓展传统酿酒文化和制糖文化展示，发展农家乐特色餐饮文化。在保持传统制作工艺特色和精髓的前提下，将其工艺进一步保护、传承与发扬，提升产业价值，提高经济收益，并协同带动地方社会文化的多样化演绎和空间环境的特色性塑造。在保护白鹭栖息地自然特色景观的同时，营造"诗画白湖塘"的人文生态景观。

7.2.2.3　白湖塘村第一产业发展目标

（1）农业发展现状

白湖塘村积极发展生态农业，目前，全村以种植糖蔗、水稻、茭白为主业，兼有西瓜种植、牛蛙养殖、树苗培育等辅业，已经形成合理而丰富的农业产业结构，见表 7-8。

表 7-8 　　　　　　　　　　　白湖塘村第一产业总产值 　　　　　　　　　　　单位：万元

收入类型 ＼ 年份	农业收入			林业收入	牧业收入	渔业收入	总产值
	小计	种植业收入	其他农业收入				
2008 年	110	90	20	—	20	—	130
2009 年	130	110	20	—	20	—	150
2010 年	150	130	20	—	20	—	170
2011 年	150	140	30	—	20	—	170
2012 年	250	220	30	—	30	—	280

资料来源：农村经济情况统计表

（2）农业发展目标

在现有农业产业的基础上，严格保护耕地，种植特色生态作物，鼓励农户开展种植水果、荷花、养殖山羊等特色高效农业，并开发白湖塘鱼种场，充分利用白湖塘的水体优势，挖掘白湖塘的农业经济发展潜力，并与第二、三产业互相配合，互相促进，推进经济发展，使农民增收，见图7-11。

（图片来源：http://www.nipic.com/）

图7-11　白湖塘村第一产业特色

7.2.2.4　白湖塘村第二产业发展目标

（1）第二产业发展现状

白湖塘村里保留着榨糖、酿酒等传统工艺。每到头陀红糖上市的季节，白湖塘村就仿佛是甜蜜喷香的故乡。白湖塘村内的台州市黄岩头陀酒厂成为村庄的特色产业，其著名品牌宁溪糟烧被称为"台州茅台"，特点在于四"香"，即入杯闻香、入口留香、入喉下咽香、嗝气时回味香，是台州市家喻户晓的土特产，见图7-12。

白湖塘村近年来第二产业发展迅速，2012年第二产业农民经济总收入120万元（表7-9）。现有中扬塑料模具厂、奇亨塑料模具厂、头陀汽车技术服务中心等8家工厂（表7-10），同时存在少量家庭工业。

（图片来源：http://xnc.zjnm.cn/uploadFiles/2009-12/1260345665343.png）

图7-12　白湖塘糟烧酒

表7-9　　　　　　　　　　　　　白湖塘村第二产业总产值　　　　　　　　　　　　单位：万元

年份	工业收入	建筑业收入	总产值
2008 年	—	40	40
2009 年	—	40	40
2010 年	10	40	50
2011 年	30	50	80
2012 年	50	70	120

资料来源：农村集体经济收益分配情况统计表

表 7-10　　　　　　　　　　　　　白湖塘村工厂概况一览表

编号	工厂名称	建厂年份	生产产品及产量	总产值	净利润	就业岗位数	就业结构	备注
1	白湖塘酒厂	1988（原为本村人承包，2010后转让）	酒、醋、酱油等（酒400~500吨、醋300吨、酱油20吨）	500万~600万元	40万~50万元	10~20人（淡季－旺季）	本村为主	淡季10~10月，基本停产；旺季11~4月 预计扩大产量至700~800吨
2	名宇汽车	2007	汽车部件3-4种，水壶	2000万~3000万元	500万~900万元	25人	一半村民、一半外地人	—
3	中扬塑料模具厂	2008	健身器材30~40个机型	1000万元左右	30万~40万元	20人	本村8人	—
4	多丽塑胶厂	2010	日用品、塑料	120万元	6万~18万元	17人	本村9人	—
5	塑料模具厂	2007	塑料夹子10000箱/年	100万元	20万~30万元	13人	无本村人，全部来自头陀镇	—
6	奇亨塑料模具厂	2008	塑料杯等500箱/年	100万元	10万无元	10人	本村人	手工作业，工资70元/天/人
7	喷雾器厂	2008	智能电动喷雾器2000台/年	40万元	10万元	6人	本村人	—
8	白湖塘汽车修理厂	1990年代	汽修基本2-3辆车/天	20万元（波动大）	10万元	4人（流动性大）	台州市内招工	维修车辆来自黄岩区

资料来源：根据采访整理，2013年8月

（2）第二产业发展目标

目前，白湖塘村的红糖、酿酒工艺已经成为一种品牌名扬周边地区。进一步的发展，需完善配套基础设施，提高生产工艺，建立完善的品牌战略目标，构建有机的生产、销售渠道。在白湖塘村传统食品加工业的发展过程中，要保持原汁原味的制作工艺，并将传统工艺推向提升之路。如在传统红糖基础上，推出类型更丰富的红糖产品以适应更加多元的需求。可将制糖酿酒生产线进行展示和推广并定期举办红糖和糟烧酒的展销活动，促进行业技术交流，提高销量。同时，打造头陀红糖和白湖塘酒的文化品牌，促进发展，利用对传统文化的挖掘和演绎推动第二产业的进一步提升。

在对这些传统特色工艺进行深入挖掘的过程中，重点在于重视传统产业的文化传承，对地方的生产传统特色进行保护、展示及宣传和提升。其中包括设置产业博物馆，精心规划制糖酿酒工艺的展示参观流线，将制造过程、制造设备进行包装展示，同时配套设置旅游纪念品店，在吸引游客参观的同时更可以达到宣传的作用，提高知名度，进一步提高产品销量。在对于传统食品加工业的振兴过程中，可以提供更多的就业岗位，吸引更多的当地村民参与其中，进一步促进传统特色产业的传承与发展。

此外，将头陀镇制糖厂、酿酒厂与白湖塘村的景观环境优势以及第三产业农家乐旅游相结合，扩大其影响力和知名度，留住游客，进一步提升经济效益。如在白湖塘村酒厂北侧依山势新开掘"酒香塘"水面和游览步道，强化酒文化，并藉此发展酿酒观光产业，与产业博物馆相结合，进一步发扬烧酒工艺，加强宣传，扩大规模，吸引游客。将制糖、酿酒博物馆作为重要节点纳入白湖塘村的规划结构以及旅游线路之中，与白湖塘村其他的特色空间环境优势串为一体，相辅相成。

同时，在82省道南侧预留产业发展区，要引进发展生态产业，对粉尘污染的产业进行严格控制和限制，在充分保证生态基底良好的基础上，发展新型工业。

7.2.2.5 白湖塘村第三产业发展目标

（1）第三产业发展现状

白湖塘村依山傍水，风景秀丽，突出的生态景观优势使白湖塘村独具竞争力。村西白湖塘面积4万平方米，依山而绕，自然成环，"绿野点白鹭，垂柳映镜湖"。白湖塘村重点发展旅游业，2012年第三产业总收入250万元（表7-11），在头陀镇排在前列。

表7-11 　　　　　　　　　　白湖塘村第三产业年收入 　　　　　　　　　　单位：万元

年份	运输业收入	商饮业收入	服务业收入	其他收入	总收入
2008年	80	20	20	46	166
2009年	80	30	20	81	211
2010年	80	30	20	80	210
2012年	80	50	10	110	250

资料来源：黄岩区农村经济情况统计表

（2）第三产业发展目标

白湖塘村发展旅游业的过程中应走生态旅游之路，挖掘地域景观资源以及生态潜力。充分利用周边山林和白鹭景观，规划野生鸟类保护区、鸟类观赏基地等，结合现有浦西庙规划佛学堂等，同时整合现有水系，扩大水面。

7.2.3 白湖塘村村庄产业经济空间布局引导

白湖塘村庄主要发展第三产业，凭借良好的生态优势，总投资2000万元建设白湖塘农家乐园，为省级农家乐特色点，拥有白鸟园、兰花园等，是集餐饮、客房、会议、棋牌、茶吧、垂钓、水上乐园于一体的休闲娱乐园。白湖塘农家乐内住宿客房24间，床位48个；餐位大厅25桌，包厢十余桌；特色菜肴为白湖塘螺蛳青、白湖塘草虾、番薯庆糕、红焖牛蹄等；创造就业岗位90个，以外地人为主；可容纳游客数量约700人，每年接待游客近5万人次，为村庄的经济发展做出了很大贡献。白湖塘的青山绿水与徽派建筑的粉墙黛瓦互相映衬，其美景以及特色活动吸引了周边县（市、区）大量游客前来。

白湖塘村庄规划充分利用现有景观资源，规划结合现有水系新开辟"酒香塘"和"风吟塘"，同时利用水渠将水系相联系，形成完整的水生态系统。通过景观廊道以及活动设施将几处景观节点串联起来，形成一条完整的生态旅游链，丰富游客的活动体验，通过多样的景观类型、多元的文化体验、多彩的活动营造吸引更多游客前来游憩。

在优越的生态景观资源基础上，要进一步扩大农家乐产业规模，形成大型农家乐片区，并与北侧的酒厂文化旅游区、东侧的白湖塘景观旅游区、东北部景观农田体验区互动结合，突出地域特色，进一步拓展农家乐的活动类型。

7.3 社会文化

7.3.1 头陀镇镇域社会文化概况

头陀镇，原名头陀桥，以古时僧人募修石拱桥而得名，是一个历史悠久的古镇，镇政府驻地头陀街，历史上是永嘉、乐清、仙居、临海等边境上的物资集散地，逢农历一、五、八为集日。

元代《柑子记》，记载头陀镇断江村是黄岩密橘祖地，生产的乳橘在唐朝时就列为皇室贡品，1998年12月区政府在该村建立了黄岩密橘始祖地纪念碑。

划岩山风景名胜区位于头陀镇西北部的溪上村、山屯村境内，属永宁江支流元洞溪上游的低山丘陵区域，为括苍山支脉自西向东的绵延部分（见图7-12）。现状可达性较好，由黄岩经82省道或黄长公路至头陀镇仅10公里，然后走临海线，从头陀经店头桥至溪头6公里就接近风景区的南沿部分。景区内现保留的临黄古道和摩崖石刻有着千余年历史。

图7-13　头陀镇划岩山风景区

7.3.2 白湖塘村村域社会文化内涵与传承创新

白湖塘村乡土文化的保护传承以自然风光和传统农业活动为重点，突出白湖塘村得天独厚的景观优势，并以酿酒、红糖等为传统特色产业的引领，积极拓展传统酿酒文化和制糖文化展示，发展农家乐特色餐饮文化，在保护白鹭栖息地的自然特色景观的同时，营造"诗画白湖塘"的人文生态景观。

（1）酿酒文化

头陀酒厂始创办于1988年，主要生产黄酒、白酒。运用独特工艺生产的"宁溪糟烧"酒在消费中树立起良好的口碑和美誉度，享有"台州茅台"美称（图7-14）。

图7-14　白湖塘村酒厂

规划通过白湖塘村的头陀酒厂形成酿酒文化展示，利用地形开掘"酒香塘"，优化酒厂北部的景观环境，吸引游客前往参观游览；并设置酒文化展示、酒酿造工艺参观、酒类品尝等活动，丰富酒文化内涵。

（2）制糖文化

红糖是白湖糖村的特色产业、传统产业。头陀红糖纯手工制作，原料纯正，以甜度高、杂质少而闻名台州（图7-15）。

应充分传承并弘扬制糖工艺的乡土文化，设置制糖博物馆，组织制糖工艺展示、参观、制糖体验参与等活动项目，挖掘制糖文化的内涵。

（图片来源：http://xnc.zjnm.cn/uploadFiles/2008-12/1228745156562）

图 7-15　红糖制作工艺

（图片来源：http://www.51766.com/bbs/photo/1159497364989）

图 7-16　洪屿山白鹭

（3）白鹭文化

白湖塘村入口处的洪屿山以白鹭远近闻名。近年来，白鹭在每年农历三月到九月飞来这里。万只白鹭栖息于山林之中，生机勃勃，野趣盎然（图 7-16）。

以白鹭为契机发展白鹭文化，规划设置野生鸟类保护区、湿地公园、鸟类观赏基地吸引大量游客前来观鸟。同时配合鸟类保护区设置小型鸟类博物馆，作为黄岩区学生鸟类教育基地。吸引广大文学艺术工作者汇集于此，提升村庄的艺术价值。

（4）佛学文化

白湖塘村入口浦西庙，建筑特色鲜明（见图 7-17）。以此为契机发展佛学文化，远期将原有工厂疏散向 82 省道

图 7-17　浦西庙

南侧，扩建寺庙，利用汽配厂的厂房改造，设置佛学堂，充分挖掘地域文化与佛学文化的关系。

7.3.3　白湖塘村村民公众参与和社会发展

规划尝试将"自上而下"的政府组织管理模式与"自下而上"的村民公众参与模式相结合，以形成更符合白湖塘村整体发展利益的决策机制。通过发放问卷、现场采访村民、听取村官及地方规划师意见等方式，将民情民意融入规划之中。

针对头陀镇白湖塘村村民使用公共服务设施和市政基础设施等的满意程度与需求意愿，发放 41 份调查问卷，有效问卷回收 40 份，同时组织当面访谈问卷 10 份作为补充，充分吸取村民对规划的意见和建议。调查问卷分为 2 部分：①村民家庭基本情况，包括：年龄、性别、文化教育程度、目前职业情况、居住人口、家庭年均收入。②村民对村庄建设评价和意愿，包括：定居意愿调查、配套设施需求与满意度调查、景观环境满意度、出行方式。

通过对有效数据进行统计分析，形成调查报告，充分采纳村民合理建议，以指导白湖塘村的社会发展。

7.4 空间环境

7.4.1 头陀镇镇域空间环境概况

黄岩区头陀镇位于黄岩区中部丘陵山地，东与新前街道接壤，南部与澄江街道相接，西部与北洋镇毗邻，北部与临海交界，全镇土地总面积5 842.68公顷。农用地面积为5 239.68公顷，占土地总面积的89.68%。建设用地面积为500.82公顷，占土地总积的8.57%。未利用地面积为102.18公顷，占土地总面积的1.75%，包括河流水面、自然保留地。

白湖塘村位于头陀镇镇域最南，东临头陀镇镇区，地势相对平坦，是镇域北部各村庄对外联系的重要门户。对外交通便利，南临82省道，是黄岩域区与西部山区各乡镇之间联系的必经之路，见图7-18。

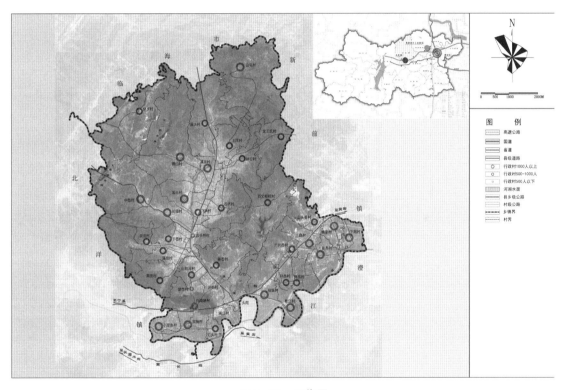

图 7-18　区位图

7.4.2 白湖塘村村域空间环境建设

7.4.2.1 白湖塘村村域人口基本情况

（1）人口现状

根据《头陀镇2012年基本情况一览表》，截至2012年，白湖塘村共有村民小组13个，总户数为268户，户籍人口为782人，其中男性为396人，女性为386人，见表7-12。

表 7-12   白湖塘村人口基础情况一览表

人口\年份	按户籍口径农村人口		户籍人口增长率（‰）	农村常住人口		常住人口增长率（‰）	综合增长率（‰）
	户数（户）	人口数（人）		户数（户）	人口数（人）		
2008	270	776	—	270	779	—	—
2009	269	786	12.7	290	780	1.3	7.0
2010	265	784	−2.6	290	801	26.2	11.8
2011	266	783	−1.3	276	948	18.4	8.6
2012	268	782	−1.3	267	952	0.6	−0.7

资料来源：根据 2008–2012 年《农村基本情况》数据整理计算

（2）劳动力就业情况

白湖塘村劳动力就业情况，2008—2012 年白湖塘村劳动力资源总数总体持平，农村从业人员数呈现缓慢减少趋势，见表 7-13、表 7-14、图 7-19。

表 7-13   白湖塘村劳动力就业情况   单位：人

年份	农村劳动力资源数	农村从业人员			其中：外出从业人员	其中：出省从业人员
		合计	男	女		
2008	595	590	302	288	108	75
2009	559	545	284	261	108	70
2010	558	544	283	261	100	70
2011	556	540	271	269	100	70
2012	557	542	273	269	103	72

资料来源：农村统计年报

表 7-14   白湖塘村劳动力资源和各产业从业人口数   单位：人

年份	农、林、牧、渔业从业人员					工业从业人员	建筑业从业人员	其他行业从业人员	农村从业人员总数	户籍人口总数
	合计	农	林	牧	渔					
2008	240	236	—	4	—	—	—	—	590	776
2009	188	183	—	5	—	270	35	52	545	786
2010	200	190	—	10	—	240	40	59	539	784
2011	205	195	—	10	—	240	40	55	540	785
2012	201	191	—	10	—	250	40	51	542	782

资料来源：农村统计年报

（3）农村人口转移流向和趋势

在 2008—2012 年期间，白湖塘村常年外出务工劳动力为 100 人左右，约占农村劳动力资源总数的 18%。在常年外出务工人员中，约占 70% 的人员出省务工。

白湖塘村集农耕、酿酒、制糖、白鹭、佛学五大文化为一体发展旅游业，在一定程度上能吸引劳动力资源回流与迁入。未来的农村人口将向生活服务设施相对完善的镇政府驻地转移。

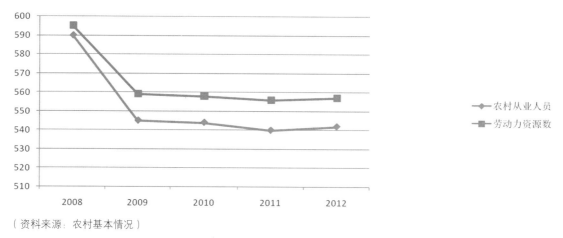

（资料来源：农村基本情况）

图 7-19　2008-2012 年白湖塘村农村劳动力资源数、农村从业人员变化示意图

7.4.2.2　村域用地规划与空间结构

（1）白湖塘村村域用地选择

对白湖塘村域的土地进行自然环境条件的用地适用性评价，按照生态系统、规划建设的需要，进行土地适用性评估，为白湖塘村建设用地选择和用地布局提供依据。

如图 7-20—图 7-22，根据用地适用性评价的高程、坡度、坡向分析，白湖塘村地势平坦，自然环境条件良好，用地适用性较高。

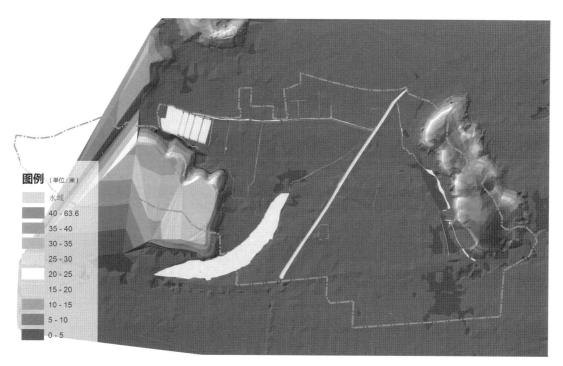

图 7-20　白湖塘村村域高程分析图

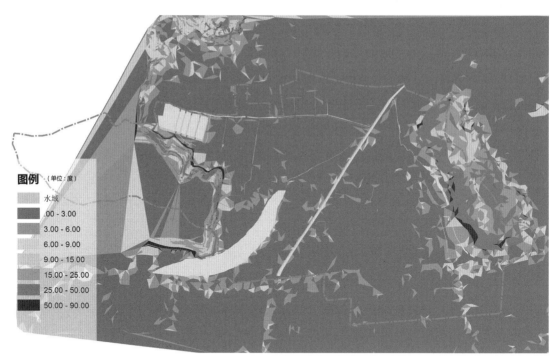

图 7-21　白湖塘村域坡度分析图

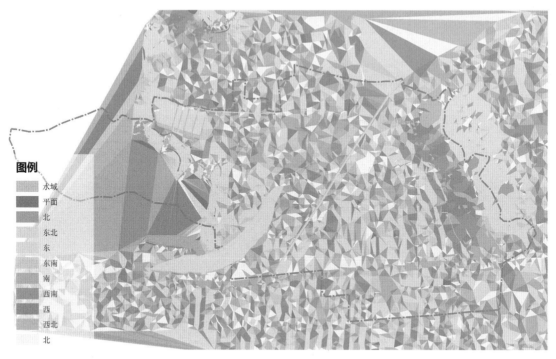

图 7-22　白湖塘村域坡向分析图

（2）白湖塘村村域规划布局

　　白湖塘村村域规划总用地面积 67.97 公顷，其中规划建设用地面积 27.26 公顷，非建设用地 40.71 公顷，水域面积 3.19 公顷，见图 7-23、图 7-24 及表 7-15。

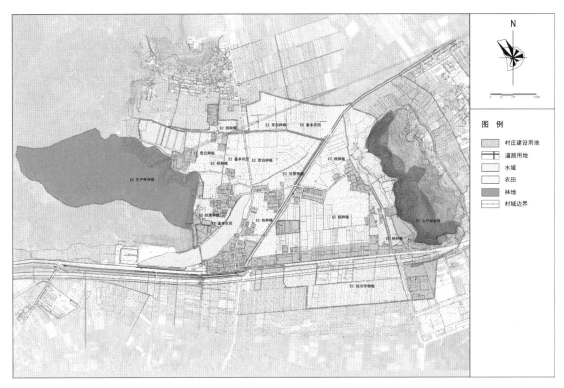

图 7-23　白湖塘村村域现状图

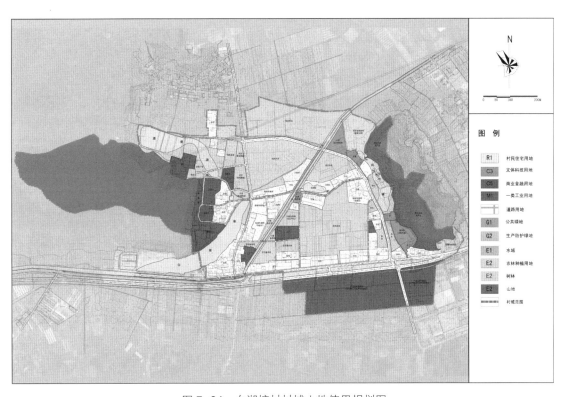

图 7-24　白湖塘村村域土地使用规划图

表 7-15 　　　　　　　　　　白湖塘村村域用地汇总表

类别名称	类别代码	用地面积（ha）	占建设用地比例
建设用地		27.26	40.11%
非建设用地		40.71	59.89%
	E1	3.19	4.69%
	E2	37.52	55.20%
规划总用地		67.97	100.00%

白湖塘村域总体布局结构为"四片三带一环八景"。

① 四片。东边洪屿山白鹭保护区片区、中部公共服务片区、西部环白湖塘民俗文化片区与南部临 82 省道居住片区。

② 三带。东部洪屿山白鹭保护带、中部江北水渠农家田园风光带与西部白湖塘 – 酒香塘农家文化体验带。

③ 一环。由白湖塘村入口到西边农家乐出口的环白湖塘旅游观光流线。

④ 八景。分别为浦西庙、白鹭生态保护区、现实版 QQ 农场、江北水渠、白湖塘、酒香塘、红糖制作展厅、农家乐园。

7.4.3 白湖塘村村庄空间环境规划

7.4.3.1 村庄居民点土地使用规划

白湖塘村庄居民点规划总用地面积 27.26 公顷，其中居住用地面积 8.32 公顷，公共服务设施用地 3.39 公顷，工业用地 7.68 公顷，道路广场用地 4.22 公顷，公共绿地 3.65 公顷，见图 7-25，图 7-26 及表 7-16。

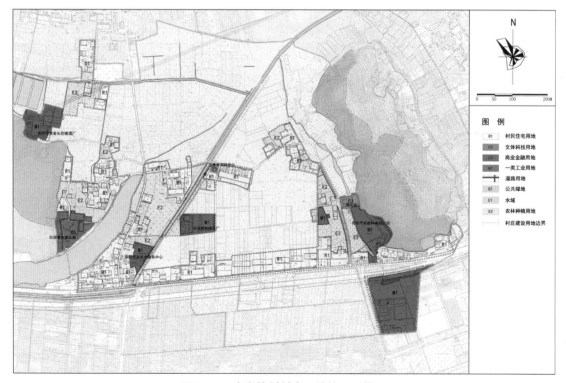

图 7-25 白湖塘村村庄土地使用现状图

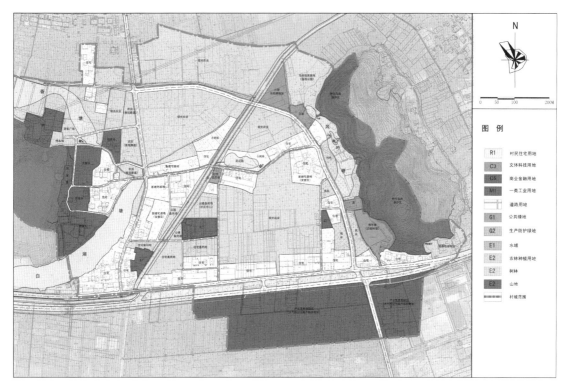

图 7-26　白湖塘村村庄土地使用规划图

表 7-16　　　　　　　　　　　白湖塘村用地平衡表

类别代码	类别名称	用地面积（ha）	占建设用地比例（%）
R	居住用地	8.32	33.4
C	公共服务设施用地	3.39	12.5
M	工业用地	7.68	28.2
S	道路广场用地	4.22	15.5
G	公共绿地	3.65	13.4
总建设用地		27.26	100.0

7.4.3.2　住宅用地布局规划

规划以梳理现状用地为主，控制建设用地外围的居住用地发展。通过完善现有居住用地的基础设施，积极引导住宅建筑小区化、规模化，增加住宅区的绿化活动场地，营造良好的居住环境。

白湖塘村居住用地布局以白湖塘为中心集中布置。住宅建筑以多层住宅为主，紧凑布局，节约土地。

7.4.3.3　公共服务设施规划

结合白湖塘村公共设施服务现状，对已有公共服务设施及场地条件，延续利用或加以合理改造再利用。同时，为完善白湖塘村居民日常生活服务设施，在合理选址、新建公共服务设施同时，预留公建备用地，为村庄远期发展预留空间，见表 7-17 及图 7-27、图 7-28。

表 7-17　　　　　　　　　　白湖塘村主要公共服务设施配置一览表

序号	名称	占地面积（公顷）	备注
1	村民委员会	0.05	新建
2	佛学堂	0.62	功能置换
3	浦西庙	0.12	保留
4	观鸟台	0.02	功能置换
5	文联	0.17	新建
6	小型鸟类博物馆	0.40	新建
7	老年活动中心	0.03	保留
8	白湖塘农家乐园	2.48	保留、扩建
9	红糖制作展厅	0.13	功能置换
10	酿酒文化展示厅	0.60	功能置换

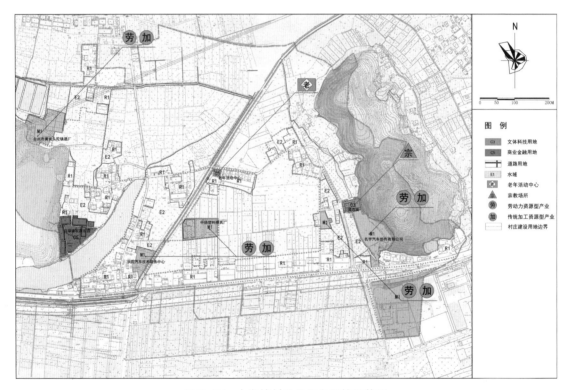

图 7-27　白湖塘村公共服务设施现状图

（1）新建村民委员会，位于白湖塘村中心江北水渠东岸，占地面积 0.05 公顷，规划在南边预留公建备用地和公园备用地，远期布置社区中心和公园，以及现有老年活动中心，面积 0.03 公顷，形成新的农村社区公共服务中心。

（2）白湖塘村东面洪屿山西南边，保留原有浦西庙，占地面积 0.12 公顷。庙旁名宇汽车部件公司外迁，原有厂房进行改造，功能置换为佛学堂，占地面积 0.62 公顷，形成佛学文化中心。

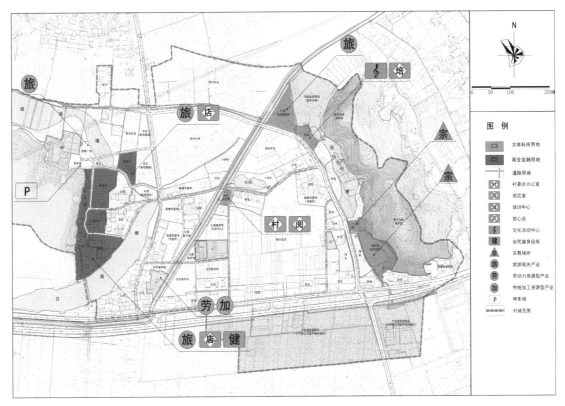

图 7-28　白湖塘村公共服务设施规划图

（3）洪屿山西北边，结合白鹭生态保护区，改造原有预拆迁民宅作为观鸟台，占地面积 0.02 公顷。北侧新建文联馆和小型鸟类博物馆，总占地面积 0.57 公顷，供村民和游客游憩参观学习。

（4）白湖塘西面，原有酒厂、制糖厂进行合理改造，植入工艺展示、参与式体验等新功能，占地面积 0.73 公顷。原有南部农家乐园，结合既有村民住宅和场地，扩建形成规模化经营，总占地面积 2.48 公顷，形成民俗文化体验中心。

7.4.3.4　道路系统布局规划

（1）道路系统规划

白湖塘村现状通过两个入口与南面 82 省道相连，规划远期将两条道路在村北打通成环，拓展道路宽度为 10 米，作为白湖塘村主要道路，同时承接头陀镇镇区与镇域内其他村庄的交通联系。

新建次级道路，宽度 6 米，将通往农家乐园和江北水渠的尽端路与现有道路相连。现状次级道路路幅拓宽至 4~5 米，宅间路 3 米。通过对现有道路的系统梳理，形成整体而有层次的道路网络。

（2）停车设施规划

规划在原酒厂东边新建停车场地，为更新改造后的制糖酿酒工艺展示厅服务，解决游客自驾游的停车需要。

（3）无障碍设施规划

规划考虑白湖塘村全覆盖无障碍规划建设。村民委员会、老年活动中心、文联馆等公共服务建筑，观鸟台、浦西庙、制糖酿酒展示厅等旅游服务设施，旅游线路、停车场等交通设施，利用坡道、电梯等方式，进行无障碍系统的建设，满足残障人士及老年人轮椅车的无障碍通行要求。

7.4.3.5 市政基础设施规划

基础设施以组团为单位，结合原有设施均匀增配。在集中绿地、公共建筑、村委中心等人流密集区设置公厕、公交站、电信等设施。充分利用白湖塘村自身条件，布置太阳能、沼气池等小型生态能源设施，见图7-29。

（1）给水系统规划

村庄用水由头陀镇区的市政给水干管供给。村庄干道下敷设给水干管成环状，保证供水的可靠性。

（2）排水系统规划

村庄内的污水经化粪池处理后，就近排至村庄东面规划道路上的市政污水管网。雨水就近排至周边河道或水塘中。

（3）电力系统规划

白湖塘村10kV供电电源由供电部门提供，电力线缆沿道路西、南侧绿化带或人行道敷设。现状10kV电力架空线逐步整改，沿规划道路架设。

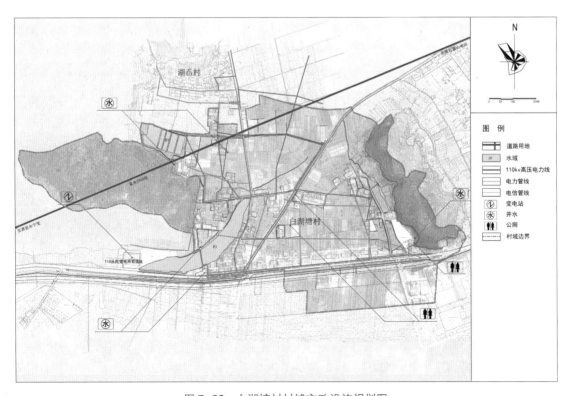

图 7-29　白湖塘村村域市政设施规划图

（4）电信系统规划

规划电信采用电缆穿管沿南北向道路于东侧，东西向道路于北侧绿化带或人行道敷设。有线电视线缆与电信同侧同路分管孔布置。

7.4.3.6 绿化环境系统规划

规划利用现状大面积农田、洪屿山自然山体以及现状和规划的河流水塘，组织白湖塘村绿化和开放空间，形成点、线、面有机结合的绿地景观系统。

对村庄现有分散的水系进行梳理。新挖酒香塘、风吟塘，与白湖塘一起构成村庄开敞水面。规划疏通白湖塘、风吟塘、酒香塘和江北水渠之间的河道，构成水网体系。

因地制宜，加强可持续能源的设施建设。鼓励村民使用新能源、节能设施，推广沼气、天然气、液化石油气、太阳能、秸秆制气、地热等再生能源和清洁能源，促进白湖塘村生态环境可持续发展。

7.4.3.7 建筑立面改造规划

（1）白湖塘村部分村民住宅建筑立面改造方法

从黄岩传统民居建筑中对地方传统建筑文化要素进行提取和抽象，提炼出体现地方传统建筑特色的元素符号，创造性地运用于白湖塘民居建筑的立面改造中。赋予白湖塘村立面改造深刻的文化内涵，既创造性的传承了黄岩地方传统乡土文化，又为白湖塘村描绘了一幅动人的山水画卷。

白湖塘村建筑立面整治改造综合采用三种方法：①色彩法。对于建筑墙面的粉刷及翻新主要采用色彩法以反映传统建筑文化元素内涵。根据黄岩传统建筑，提取其中的元素，用于山墙立面的改造。施工过程中，分四个层次制作色卡，逐级加深，隔一层次搭配。②构件法。对景观廊道的改造主要采用构件法以反映地域文化的乡土特色。沿着人行道建景观廊道，使用木材料、钢骨架、玻璃顶的组合，从村庄主要入口开始沿观赏游线一路布置，形成对于文化元素的不断提示和强化。③建筑法。依照传统建筑的样式和元素进行进一步的抽象和创新，设计新的建筑，融入白湖塘村的特色民居，并进一步突出黄岩民居的传统建筑文化特色。

（2）白湖塘村滨水立面改造效果展示，见图7-30—图7-34。

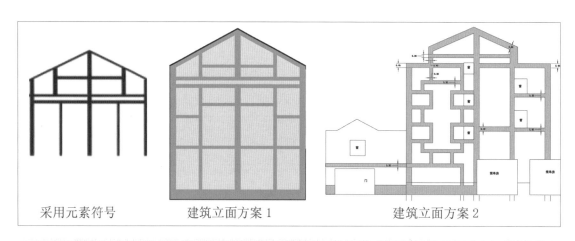

采用元素符号　　　　　建筑立面方案 1　　　　　建筑立面方案 2

改造前
<hr>
改造后

图 7-30　白湖塘村滨水建筑立面改造效果对比图一

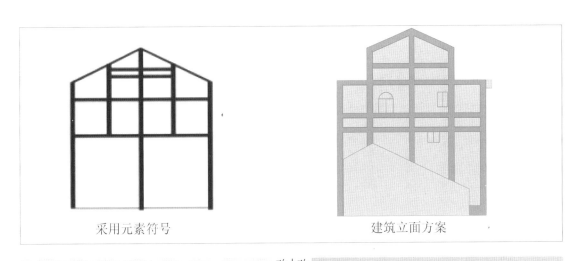

采用元素符号　　　　　　　　　建筑立面方案

改造前 ｜ 改造后

图 7-31　白湖塘村滨水建筑立面改造效果对比图二

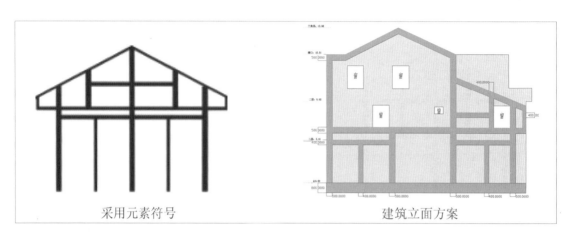

采用元素符号　　　　　　　建筑立面方案

图 7-32　白湖塘村主入口建筑立面改造效果对比图一

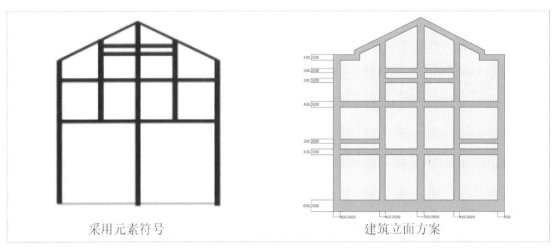

采用元素符号   建筑立面方案

图 7-33　白湖塘村主入口建筑立面改造效果对比图二

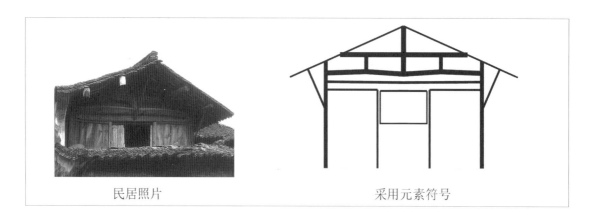

民居照片 采用元素符号

改造前
改造后

图 7-34 白湖塘村工厂立面改造效果对比图

第 8 章 "美丽乡村"规划类型六：北洋镇潮济村

　　北洋镇潮济村突出以历史传统古村落为基础的观光旅游及农家乐的乡村特色模式。

　　潮济村作为具有一定规模的传统历史文化古村落，其特殊的地理位置造就了其独特的人文环境。然而，在乡村地区普遍衰退的大时代背景下，尤其是传统交通方式向现代交通方式转变，即由原有的水路运输转变为陆路运输，导致原本依赖港口码头而兴起的潮济村，其物质空间环境不可避免地衰败。因此，潮济村通过旅游观光与农家乐等商业项目的注入，利用市场力量推动村落旅游业的发展，重塑了历史场景，保护并延续了其独特的乡土文化，同时又提升了当地的产业经济效益。规划中以传统历史文化作为发展契机，以还原历史场景作为物质空间的重点，发展以历史人文为核心价值的旅游产业，形成了以社会文化为主导的"三位一体"共同发展模式。

8.1　类型概述

8.2　产业经济

    8.2.1　潮济村产业经济发展目标

    8.2.2　潮济村第一产业发展目标

    8.2.3　潮济村第二产业发展目标

    8.2.4　潮济村第三产业发展目标

8.3　社会文化

    8.3.1　潮济村村域文化内涵

    8.3.2　潮济村村民公共参与、社会组织与社会发展

8.4　空间环境

    8.4.1　潮济村村庄空间环境现状

    8.4.2　潮济村村庄空间环境规划

8.1 类型概述

潮济村位于台州市黄岩区西部山区的一个 U 型峡谷地带中,为黄岩区北洋镇下辖的村。永宁江从村边蜿蜒而过,为 82 省道景观带沿线的重要节点村庄,四周群山拥有丰富的林业等资源。

历史上,潮济村兴盛于河埠贸易,与永宁江水系紧密联系。以台州市黄岩区正大力推进的美丽乡村建设工作为契机,潮济村毗邻 82 省道和永宁江——黄岩区美丽乡村风景线的两大重要景观带,成为永宁江沿岸的重要景观节点村庄,开展了一系列的美丽乡村建设工作。在 82 省道景观带规划中,潮济村与白湖塘村、沙滩村、石狮坦村及乌岩头村等一起作为沿线的重要村庄,分别被赋予不同的村庄职能,共同打造黄岩区美丽乡村生产与生活体验和展示风景线。其中,潮济村的职能定位为展示与体验农村生产生活,见图 8-1,图 8-2。

潮济村具有良好的特色景观优势和历史文化资源。2012 年,潮济村入选浙江省首批历史文化村落保护利用重点村。位于潮济村中心的潮济老街,是黄岩保存最完整的古建筑村落.现存的潮济老街两侧均为清末民国初的建筑群,赋有民国风情,其中建筑木作构件制作精美,有很高的工艺水平,此为潮济村的特色旅游产业提供了基础。

(图片来源:http://www.huangyantv.com/tv-8.html)

图 8-1 潮济村实景

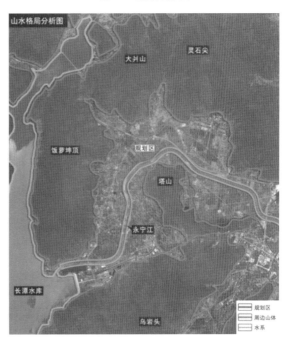

(图片来源:《潮济村历史文化村落保护与利用规划》)

图 8-2 山水格局分析图

在建设过程中潮济村面临着如下挑战:如何合理利用现有的自然山水格局,使其承担农村生产、生活的展示和体验功能;如何保护历史街道和传统建筑,传承历史文化,实现传统文化的复兴;如何合理利用现有自然资源,区位交通优势,整合村庄产业,建设可持续发展的美丽乡村。因此,在规划中应突出潮济村悠久的历史文化内涵和优越的地理区位,全面促进潮济村的乡村产业经济、社会文化和物质空间环境的品质提升。

8.2 产业经济

8.2.1 潮济村产业经济发展目标

充分利用潮济村较好的传统历史文化遗产，将历史河埠商贸重镇的街巷格局、建筑和场地进行较好的空间组织和文化旅游策划，推进具有特色的乡村经济发展。结合文化展示和乡村旅游，综合发展民俗乡村文化、农家乐等一系列衍生产业类型，多样化发展农家餐饮住宿、文化娱乐等内容。

潮济村在历史上由于地理区位所形成的河埠经济，形成了潮济商贾云集的码头重镇。如今保存较好的潮济老街构成了潮济村最突出和最重要的资源，也是乡村旅游的重要特色。

8.2.2 潮济村第一产业发展目标

潮济村宜进一步综合扩展传统农业经济模式，充分利用自身旅游产业优势和周边旅游发展环境促进旅游业发展，并结合传统农业农村的生产生活展示与体验，多方面多角度的将一产和三产结合起来，发展餐饮住宿、文化娱乐、购物休闲及体验展示乡村生产生活等旅游产业经济，建设美丽乡村。

8.2.3 潮济村第二产业发展目标

目前潮济村没有较为重要的第二产业优势。

规划以潮济村所发展的旅游项目为契机，发展一些特色农产品加工等，提升农产品的价值链，实现农产品的就近生产和销售，从而丰富农产品的生产链，同时也可促进其第三产业的发展。

8.2.4 潮济村第三产业发展目标

千百年来商贾云集的码头重镇历史及保存完好的潮济老街，构成了潮济村最突出和最重要的资源，也是其乡村旅游发展的优势。

未来潮济村一方面可以通过传统农业的展示与体验来拉动旅游业的发展，另一方面也可通过加强历史文化特色旅游的发展来带动潮济村的人气，将以休闲度假、文化展示、传统文化艺术产品交易、旅游服务等作为主体功能，并与农业农耕生产与加工展示和体验的附加功能，融入潮济村的整体旅游发展规划之中。同时开展传统节日如元宵活动等，打造潮济村传统节日活动品牌，以此形成潮济村的乡村产业特色，拉动潮济村经济发展。

8.3 社会文化

8.3.1 潮济村村域文化内涵

潮济村的社会文化主要由民俗文化以及商贾文化构成，并且这些文化保存得比较完好，是可以加以传承和发扬的文化资源。独特的地理区位、交通条件与人文环境，使潮济村形成两大独特的乡土文化：商贾文化和元宵文化。

（1）商贾文化

历史上由于潮济村具有便捷的陆路和水运枢纽转运条件，通往宁溪、屿头、小坑、上洋等地用竹筏载运山区竹木柴炭等物资到潮济村，再转船运；运往山区的生活物资和生产资料，从黄岩县城装货溯潮而上至潮济，转用竹筏运往宁溪、屿头、小坑、上洋等地山区乡镇。因此，潮济村是黄岩水道交通和山区平原货物中转之地，唐宋时期称"潮际铺"。千余年来，商船频繁进出潮济码头，商贾云集，一直是商贸繁荣的集镇，形成了潮济特有的民俗文化、商贾文化等。直至20世纪60年代，长潭水库大坝合龙断航，潮济基于水运的商贸开始衰落。

（2）元宵文化

"闹元宵、吃大餐"，是历史传承下来的潮济庆元宵活动，也是一年中最为隆重的节庆活动。按古老传统，闹元宵从正月十四起持续四天。元宵斩草除根那天是重头戏，村民、宾客齐上桌，吃足喝饱了，一起上街闹元宵。游行队伍在鼓乐声的伴奏下，从三官坛整队出发，沿老街向东逶迤而行，《平水庙》牌队、抬轿队、花灯队、鼓乐队、长号队、秧歌队、舞龙队、舞狮队、彩旗队等一大串，约100多米长的队伍，吸引着周围村庄村民在沿途围观。舞龙与舞狮两支队伍，要舞遍村里的每家每户，一直持续到深夜12点。

8.3.2 潮济村村民公众参与、社会组织与社会发展

（1）充分发挥潮济村民组织管理作用

潮济村的规划将"自上而下"的政府组织的管理模式，与"自下而上"的村民公众参与的模式相结合，充分发挥行政村组织管理和村民有效监督的作用。

（2）推进村民参与进程

积极推进潮济村村民参与公共事务决策的过程。加强农村社区公共事务决策机制的建设。潮济村应建立公共事务决策小组，负责决策农村社区规划和乡村建设的公共事务。积极利用农村社区综合服务中心平台，建立完善的监督与信息反馈机制。

（3）潮济村农村社区长效管理

推进潮济村社会发展规划的实施，建立村民对农村社区发展事务的公共参与和行政管理之间的日常沟通机制，及时反映村民的民意，注重潮济村规划建设的长效管理。潮济村农村社区长效管理宜建立健全财务制度，以及重大项目信息的公开制度，并接受村民监督。

8.4 空间环境

8.4.1 潮济村村庄空间环境现状

8.4.1.1 现状用地规模

潮济村村域内包括村庄和农林用地。村内道路和水系较多，村庄建设比较集中，新村与老村相对独立，建筑密度较大。规划地块总面积约23.56公顷（353.4亩），其中村庄建设用地面积187.05亩，农林用地面积144.45亩。规划范围居住人数为1062人。规划范围内地势平坦，河网水系丰富，村民住宅分布集中，密度较高，见图8-3。

8.4.1.2 现状道路情况

潮济村北侧82省道为新建设道路，路基宽度为23米，双向四车道，道路中央有隔离带，是潮济村对外连接的主要通道。村内主要道路已经贯通，宽窄不一。新区内道路较宽，通达性较好；老街区道路狭窄，蜿蜒曲折，景观变化丰富，但不具备机动车通车条件。见图8-4。

（图片来源：《潮济村历史文化村落保护与利用规划》）

图 8-3　现状道路图

图 8-4　潮济村老街现状照片

图 8-5　潮济村老街现状照片

8.4.1.3　现状基础设施

潮济村内公共设施和市政基础设施建设较完全，在新区与老街区的分布较均匀。供电主要依靠架设电线杆实现送电，电线杆凌乱，输电线路交错，对村庄景观影响较大。村民家中均使用瓶装液化气。

8.4.1.4　现状景观环境

潮济村内曾经做过部分的村庄美化工程。但由于美化工程未能与村庄建筑和村民生活统一考虑，且美化工程覆盖范围不够全面，缺乏统一管理，村庄整体环境品质还有待提升。

潮济村老街巷基本贯通，空间满足非机动车与行人通行要求，历史街巷格局保存完好。但原有卵石路面被水泥路取代，原有历史风貌特色正在逐步被销蚀，见图 8-5。

8.4.2　潮济村村庄空间环境规划

8.4.2.1　村庄用地规划与空间结构

以江北渠道为界，潮济村分为老街区和新区两个片区。新区在现状基础上，逐步置换工业用地用于公共设施建设，同时完善各类服务设施，提升村庄人居环境品质。沿 82 省道进行景观整治。本次美丽乡村规划建设主要侧重老街区部分的规划布局内容，见图 8-6、图 8-7。

8.4.2.2　道路系统布局规划

（1）对外交通规划

潮济村沿对外交通主要通过 82 省道与外界相连。在 82 省道的村庄入口处适当位置设置多个大小不一的停车场，主要为旅游服务。

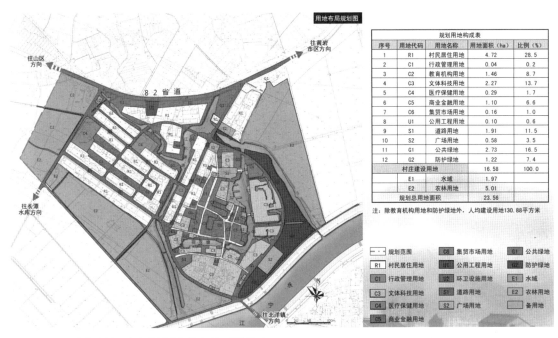

用地布局规划图

规划用地构成表

序号	用地代码	用地名称	用地面积（ha）	比例（%）
1	R1	村民居住用地	4.72	28.5
2	C1	行政管理用地	0.04	0.2
3	C2	教育机构用地	1.46	8.7
4	C3	文体科技用地	2.27	13.7
5	C4	医疗保健用地	0.29	1.7
6	C5	商业金融用地	1.10	6.6
7	C6	集贸市场用地	0.16	1.0
8	U1	公用工程用地	0.10	0.6
9	S1	道路用地	1.91	11.5
10	S2	广场用地	0.58	3.5
11	G1	公共绿地	2.73	16.5
12	G2	防护绿地	1.22	7.4
		村庄建设用地	16.58	100.0
	E1	水域	1.97	
	E2	农林用地	5.01	
		规划总用地面积	23.56	

注：除教育机构用地和防护绿地外，人均建设用地130.88平方米

（图片来源：《潮济村历史文化村落保护与利用规划》）

图8-6　潮济村村庄用地布局规划图

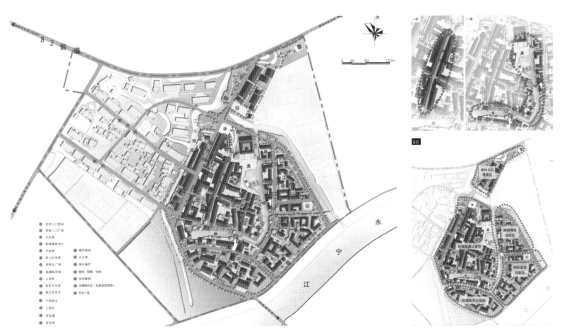

（图片来源：《潮济村历史文化村落保护与利用规划》）

图8-7　潮济村老街区规划总平面图

（2）车行交通规划

老街区外围设置环形车行道路，尽端道路设置回车场，以满足行车要求。

（3）步行交通规划

老街巷旅游功能区根据现状条件，设置鱼骨状和网状步行交通系统，特色老街除特殊情况外（如消防、救援等），作为步行功能，禁止机动车驶入。其他各功能区块根据旅游活动需求设置部分步行景观线路。

村庄内结合景观节点规划设置多种尺度类型的活动广场，并与绿地景观系统相呼应共同形成公共空间系统。

8.4.2.3　绿化环境系统规划

以潮济老街和老码头广场所在的潮济水道街河空间为中心，串联街巷空间景观区、旅游服务景观区、休闲度假景观区、风情居住景观区四大景观区块，与老街区入口一起构成潮济古村的村落空间景观系列，见图8-8和图8-9。

（图片来源：《潮济村历史文化村落保护与利用规划》）　　（图片来源：《潮济村历史文化村落保护与利用规划》）

图8-8 潮济村村庄道路系统规划分析图　　　　图8-9　潮济村老街区绿地景观系统分析图

在主要景观节点处打开景观视线通廊，配合绿化种植，形成具有特色的公共空间，突出老街区历史文化的场所感。

沿河岸及其他开敞空间处辅以绿化来限定和美化空间。

沚江亭、三官坛庙及老码头为潮济村的标志性历史文化景观点，其周围应进行环境整治，留出空间场所，塑造景观视线走廊，强调历史文化氛围。

8.4.2.4　村庄风貌控制建议与措施

（1）村庄保护

分类评价老街区内的传统建筑，确定保护整治范围，积极传承老建筑特色与格局、保护历史遗存，见图8-10。

对传统风貌建筑残缺损坏的部分进行修补，对建筑整体进行日常的维护保养、防护加固、现状修整、重点修复以及拆除建筑院落中的违章搭建部分，恢复其历史格局。同时，对传统风貌建筑进行不改变建筑立面外观、建筑高度和有特色的内部装饰的修理维护，建筑内部局部允许改变。

对于一些旧建筑，允许改变其内外非结构部件，建造更新室内外设施，注重与历史建筑风貌相协调。

对于与传统建筑风貌有冲突的建筑，如果建筑体量不过于突兀，对古镇的风貌影响不大，可以通过降低层数、立面整治等措施使其与村落整体风貌相协调。

而对于风貌极差、质量极差的不协调建筑和障碍建筑，如建筑体量过于突兀，对传统建筑的风貌影响极大，无法通过降低层数、立面整治等措施使其与村落整体风貌相协调时，应予以拆除。

（2）旅游线路规划

规划设置一个村落旅游观光的主要出入口、一个次要出入口。主要出入口位于82省道；次要出入口为南面永宁江桥梁连接处。陆上游览线路：由潮济村出发，连接老码头文化广场，通过平水桥达到旅游服务中心，再经由码头上街桥转回街巷旅游功能区，联系各个街巷及三官坛庙，见图8-11。

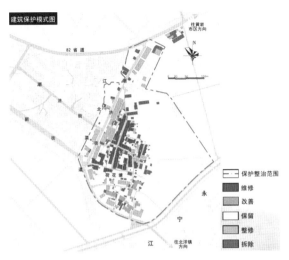

（图片来源：《潮济村历史文化村落保护与利用规划》）

图 8-10　建筑保护模式图

（图片来源：《潮济村历史文化村落保护与利用规划》）

图 8-11　旅游线路规划图

水上展示路线主要依托码头水道组织，通过潮济老码头、竹筏卸货码头与陆上线路进行对接。该线路以老码头文化广场为中心，从平水庙至荷花塘，形成"L"形的水上游览游乐空间。

第9章 "美丽乡村"规划类型七：北洋镇联丰村

北洋镇联丰村突出以水库周边生态环境保护为基础的相关休闲产业发展的特色。

联丰村紧邻长潭水库瑞岩溪湿地，具有得天独厚的自然风景，但同时其乡村发展必须考虑到对周边生态环境的影响，尤其须避免对长潭水库自然生态环境的破坏。受联丰村生态敏感地区的发展条件限制，规划在产业经济方面结合生态敏感与生态环境优势，通过外在资源的引入培育联丰村当地的市场性产业。将"生态湿地"作为特色旅游的文化元素，在保护原有长潭水库瑞岩溪生态环境的基础上，整合现有的果林种植，引入外部资源，如盆景、花卉、茶等，与当地资源风景相适宜的特色商业品种，形成市场化的经济效应。通过引入适宜的外在资源，结合联丰村的特色景观风貌，形成培育市场型的特色产业引领全村社会经济文化发展的模式。联丰村的特色发展模式，不仅保护了当地的自然生态资源，避免了对生态环境的破坏，同时发挥了其自然生态的景观优势，形成了独特的村庄产业经济模式，突出了村庄特色，并具有良好的经济效益。联丰村特色发展模式对生态敏感地区的发展具有重要的示范意义。

9.1 类型概述

9.2 产业经济

9.2.1 联丰村产业经济发展现状

9.2.2 联丰村产业经济发展目标

9.3 社会文化

9.3.1 联丰村村域文化内涵

9.3.2 联丰村村庄文化设施现状

9.4 空间环境

9.4.1 联丰村村庄空间环境现状

9.4.2 联丰村村庄空间环境规划

9.1 产业经济

联丰村位于北洋镇西北部，属于长潭水库库区。村庄四面环山，环境优美，风景秀丽。联丰村气候温暖湿润，四季分明，雨量充沛。村内自然条件良好，交通方便，民风淳朴。

联丰村具有独特的自然风景资源、浓厚的历史文化气息、较为完善的基础设施以及果林经济优势，为其今后的村庄发展奠定了良好的基础。毗邻长滩水库瑞岩溪湿地公园，其自然风景风貌独特且优美。紧邻瑞岩寺，宗教文化气息

图 9-1 联丰村实景

浓厚，文化内涵丰富。联丰村内基础设施基本完善，公共设施为村民的日常公共生活提供了条件。

联丰村美丽乡村建设也面临着如下挑战：如何在注重生态环境的保护的前提下，提升村庄的经济效益并保护其自然生态环境，协调好产业经济与空间环境之间的关系。因而，通过引入与联丰村特色景观风貌相适宜的外部资源，如盆景、花卉、茶叶市场等，培育市场型的特色产业，不仅可以保护当地的自然生态环境，形成独特的乡村产业经济类型与市场化的发展模式，提供一种生态敏感地区新的乡村建设路径。

9.2 产业经济

9.2.1 联丰村产业经济发展现状

联丰村虽然受限于生态敏感地区的发展条件，但现状充分发挥自身的地理位置优势，利用周边的山地资源发展枇杷、杨梅、蜜橘等果林，形成了较为良好的经济效益。联丰村第一产业以农业生产为主，耕地面积约 19.87 公顷（298 亩），以种植水稻为主。村有山林 240 公顷（3600 亩），果园约 20.67 公顷（310 亩）。联丰村没有成规模的第二产业，不少青壮年村民在外务工。联丰村第三产业主要是旅游业。目前，联丰村利用得天独厚的自然风景，旅游业开发较为成熟。其中，瑞岩溪湿地公园已投资 3000 万元，工程占地总面积约 557300 平方米，建设内容主要包括生态湿地强化治理区、湿地滨海岸生态展示区及浅滩区水生生态修复区。

9.2.2 联丰村产业经济发展目标

联丰村自然资源丰富，果蔬品种多样，在未来发展中，联丰村可基于果林种植的优势，促进农产品交易市场发育，并积极扩展如花卉、盆景市场，培育茶文化和休闲旅游产业链。从而切实转变增长方式，增加农民收入。积极实施生态农业战略，走农业合作化道路，提高产业规模化、集约化水平。

由于水库生态保育和环境控制的要求，联丰村严格控制第二产业发展，可加强劳动力技能培训，形成第三产业发展的支撑，提高村民的综合素质。

第三产业主要为假日休闲旅游业。未来可以通过依托长潭水库自然生态风光，发展如茶文化为主导的农家乐休闲度假，茶叶交易市场等，在遵照水库水资源保护要求的前提下，积极利用优良的生态环境景观资源，发展亲水性、环境友好型的生态观光旅游和农家休闲旅游等乡村经济。

9.3 社会文化

9.3.1 联丰村村域文化内涵

对具有乡土文化景观特色的地形、地貌以及水库景观予以特色强化，充分发挥联丰村"湿地文化"、"宗教文化"、"广场文化"和培育"茶文化"特色，见图9-2。

图9-2 联丰村健身广场

（1）湿地文化

长潭水库对黄岩区及其邻县的生产和生活有着极大的影响，而联丰村依托水库边的自然地貌优势，培育并发展得天独厚的湿地文化，形成生态环境独特的湿地文化景观。

（2）宗教文化

联丰村紧邻东南名刹瑞岩寺。瑞岩寺始建于东晋，距今有1700多年历史，是日本曹洞宗的祖庭之一，这里曾留下了许多文人墨客的墨宝。据"赤城志"记载：瑞岩寺原有寺产333.33公顷（5000亩）。居台州五县362座寺院的第四位，黄岩87座寺院的第一位。宋祥符元年（1008年）赐额"瑞岩净土院"。

（3）广场文化

结合联丰村现有重要节点，如村入口，村民公共文化中心设施等，进行景观营造，形成可供村民日常休闲活动的场所。

（4）茶文化

以茶文化为引领，培育以名茶交易、品茗文化、茶艺、茶具交易等为特色的茶文化市场。通过设立茶座式的农家乐，可发展联丰村丰富的茶文化，吸引更多的游客前来体验休闲。结合地形及原有建筑特色，主要对沿瑞岩溪分布的住宅等建筑进行分类改造。

9.3.2 联丰村村庄文化设施现状

联丰村现有的文化元素主要有星光老年中心、社区服务中心、健身广场等，其中星光老年中心丰富了村中老年人的业余生活，让他们老有所养、老有所乐；社区服务中心为广大村民提供了一处文化活动的场所，促进了村民间的交流；健身广场也具有较为完善的活动设施，供村民娱乐健身。

9.4 空间环境

9.4.1 联丰村村庄空间环境现状

截至 2012 年，联丰村现有总户数 336 户，总人口 941 人。村民住宅用地主要沿瑞岩溪呈带状布局，见图 9-3。进村公路设在联丰村南侧，村内主要道路以水泥路面为主。联丰村基础设施尚有待完善，垃圾收集箱等环卫一体化设施较齐全，由于缺乏统一规划和引导，现状村民住宅建筑风格和立面色彩等显得多样但零乱，缺乏建筑之间以及建筑与自然环境的协调。见图 9-4。

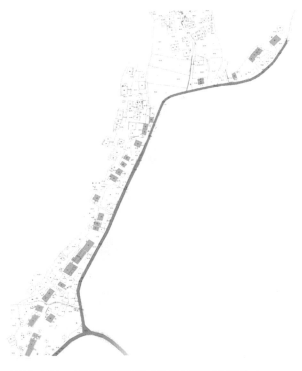

（图片来源：《北洋镇瑞岩溪生态湿地景观改造工程》）

图 9-3　联丰村村民住宅建筑现状分布图

（图片来源：《北洋镇瑞岩溪生态湿地景观改造工程》）

图 9-4　联丰村村民住宅建筑实景

9.4.2 联丰村村庄空间环境规划

9.4.2.1 土地利用规划布局

以保护联丰村生态环境品质、特色风貌，充分利用山地资源，促进生态风光和旅游业发展为原则，因地制宜，促进联丰村产业经济、社会文化和空间环境"三位一体"整体发展。依托东侧瑞岩溪自然生态优势，沿溪两侧在原有村民住房的基础上，结合村民庭院平台改造，植入茶座式农家乐空间，为游客塑造自然优美、舒适便捷的怡然休闲旅游之地。

9.4.2.2 道路系统布局规划

（1）道路系统布局规划

充分结合联丰村的地形地貌，在尊重现有道路基础上，对原有道路系统进行梳理。规划将进村主路的道路红线拓宽至 11 米，其中车行道宽度为 7 米，每侧人行道宽度为 2 米；村内支路拓宽至 4 米；村内步行道路宽度在 1.5~3 米之间。

联丰村对外交通主要为南侧进村入口，规划将村内西南侧已有的步行小路扩建为 5 米宽的道路，与进村山路相连接，分担村庄内部的主要道路的压力。

（2）停车场规划

考虑永久性停车场与临时性停车场相结合的布局方式。永久性的社会停车场主要设置在村庄的北部，结合茶座式农家乐设置，便于车辆停放。

（3）无障碍出行要求

村内公共服务设施室内外与社区活动场地建设，应满足残障人士或老年人轮椅车的无障碍通行要求。

9.4.2.3 公共服务设施规划

通过合理安排村庄公共服务设施，组织农村社区的社会生活，并与村庄主要的开放空间相结合，营造安宁、温馨的家园氛围和富有活力的社区生活。结合已有的社区中心、老年活动中心以及体育休闲设施等，进行适当的改造完善，梳理现有功能，围绕村委会周边布置卫生站，设立超市和茶室，以满足村民及农家乐游客的消费需求。

9.4.2.4 村庄风貌控制建议与措施

（1）农家乐建筑环境改造

依托联丰村现有地形，鼓励村民在自家门前的庭院内设置棚架，作为茶座开放式农家乐。因地制宜利用台地进行种植，种植层次分为三排：第一排是花园、路边种行道树，配置路灯、垃圾箱、道路指示牌、公交站等；第二排是路和台地之间，种植特色生态湿地景观树种；第三排结合已有的植被丰富水岸自然景观。景观节点的设置呈线性布局。通过自然环境和人文环境的双重优化，吸引更多游客来此活动，见图 9-5。

（图片来源：《北洋镇瑞岩溪生态湿地景观改造工程》）

图 9-5　联丰村茶座农家乐建筑改造前原貌及改造后效果图

（2）特色盆景花卉景观

联丰村的自然气候宜人，较为适合种植各式花卉植物，发展盆景绿化产业链。让游人在农家乐休闲之时，可边喝茶边赏花，边体验瑞岩溪的美好风光。重点对瑞岩溪沿线进行景观设计，充分运用花带和园艺小品进行美化，并配置供游客休息的设施。花农管理房墙壁上的各色花卉图案及书写的古典诗词将会令人赏心悦目。栽花、买花，品茗，感受花卉文化和茶文化内涵，从而形成联丰村美丽乡村建设的特色内涵，见图9-6。

（图片来源：黄岩区农办）

图9-6　盆景花卉观光

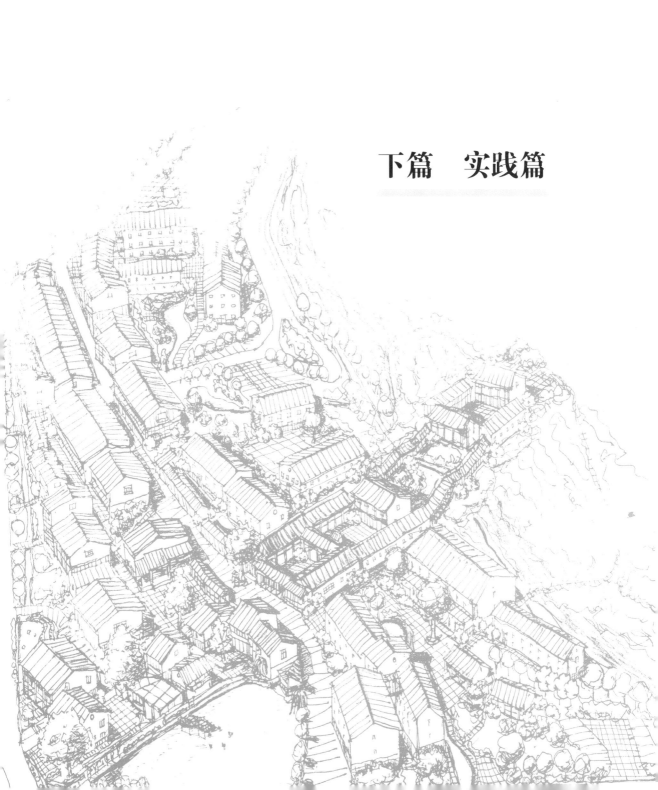

下篇　实践篇

第 10 章　屿头乡沙滩村美丽乡村建设

　　本章重点介绍黄岩区屿头乡沙滩村"美丽乡村"建设实践。根据第3章屿头乡沙滩村的规划，凝练形成产业经济、社会文化、空间环境建设实施项目，并在黄岩区区委、区政府、农村工作办公室的指导下，经过屿头乡人民政府和沙滩村村民的参与建设，目前已经完成了乡兽医站、社戏广场、太尉殿客栈、太极潭公园、天云塘、东坞柔极溪观光栈桥、老街巷污水雨水管网敷设、公共厕所等空间环境建设，取得了较好的阶段性成效。空间环境品质的改善，为沙滩村旅游产业发展、以太尉殿为中心的宗教文化活动、以社戏广场为中心的社区文化建设等提供了较好的物质场所。

10.1 沙滩村近期建设计划

10.1.1 产业经济项目建设

10.1.2 社会文化项目建设

10.1.3 空间环境项目建设

10.2 取得阶段成果

10.2.1 兽医站建筑功能更新及周边环境改造

10.2.2 社戏广场

10.2.3 太尉殿客栈

10.2.4 乡村旅社

10.2.5 "太极潭"公园

10.2.6 "天云塘"建设

10.2.7 东坞观光栈桥

10.2.8 原有部分村民住宅山墙立面改造与环境整治

10.2.9 市政设施规划建设

10.3 阶段经验总结

10.3.1 因地制宜,功能更新

10.3.2 文化传承,社区建设

10.3.3 民生为本,设施保障

10.3.4 "三适"原则的实践指导意义

10.3.5 沙滩村"三位一体"的实践样本

10.1 沙滩村近期建设计划

屿头乡沙滩村近期建设计划安排重点包括 11 个项目,其分布见图 10-1.图中 11 个项目的具体内容对应于表 10-1、表 10-2 和表 10-3 的序号。

图 10-1 沙滩村美丽乡村近期建设计划(图中标号为建设项目,具体内容见表)

10.1.1 产业经济项目建设

屿头乡沙滩村美丽乡村近期建设中的侧重产业经济发展的项目见表 10-1。

表 10-1 沙滩村美丽乡村产业经济项目近期建设计划一览表

编号	项目	建设内容
1	乡村旅社	a. 原乡公所室内环境改造
		b. 乡村旅社室外公共环境设计
		c. 乡村旅社北边停车场设计
2	游客接待中心	a. 土地批复置换
		b. 建筑设计图和场地规划
3	东坞规划	a. 东坞停车场规划
		b. 东坞居民安置点规划
		c. 东坞旅游项目区功能策划
		d. 东坞旅游项目区建筑设计
		e. 项目引进

10.1.2 社会文化项目建设

屿头乡沙滩村美丽乡村近期建设中侧重社会文化发展的项目见表 10-2。

表 10-2   沙滩村美丽乡村社会文化项目近期建设计划一览表

编号	项目	建设内容
4	兽医站改建	a. 兽医站室内改造
		b. 兽医站室外环境改造
		c. 兽医站前停车场
5	太尉殿扩建 社戏广场	a. 太尉殿前社戏广场设计
		b. 太尉殿扩建设计图
		c. 太尉殿前步行街改造和商业项目引进
6	川柔书院	a. 保留建筑室内改造
		b. 文化项目引进
7	中医会诊室讲堂	a. 保留建筑室内改造
		b. 商业项目引进

10.1.3 空间环境项目建设

屿头乡沙滩村美丽乡村近期建设中侧重空间环境发展的项目见表 10-3。

表 10-3   沙滩村美丽乡村空间环境项目近期建设计划一览表

编号	项目	建设内容
8	村内住宅环境改造	a. 新规划 60 间住宅
		b. 水系引入、环境整治
9	北边高山移民安置区	a. 规划方案
		b. 商业引入
10	水系规划、天云塘	a. 从乡村酒店穿过步行街至兽医站前的太极潭公园的水系
		b. 全村水系规划图
11	太极潭公园	a. 将原有坑塘水面扩大，形成太极潭，并进行周边的景观配置

10.2 取得阶段成果

10.2.1 原兽医站建筑功能更新及周边环境改造

兽医站于上世纪 70 年代建造，砖木结构，目前被弃置。其现状建筑结构整体完整，外墙为砖砌清水墙面，简单勾缝，砌砖工艺灰浆饱满、砖缝整齐美观，作为乡集体资产之一，其建筑和场地具有较好的使用价值和改造条件。

规划保留其建筑外立面及内部结构，在此基础上植入新功能。首先对其内部进行空间改造和结构修固，同时结合建筑场地特征和植被特色对其周边公共空间环境进行改造，注入新功能，重塑公共空间环境。例如，结合建筑入口东南面的古樟树和周边环境整理，采用当地河床卵石重新铺砌，古樟树周边加入木制座椅提供游憩设施，形成别致的入口院落空间，成为空间景观焦点（图 10-2）；利用原有猪槽进行改造，形成景观花坛等（图 10-3—图 10-5）。

改建后的兽医站一层为沙滩村美丽乡村建设规划展示馆和游客信息咨询服务中心，结合院落布置咖啡茶座室；二层为办公展示区、主题展览室。近期为同济大学"美丽乡村规划设计"

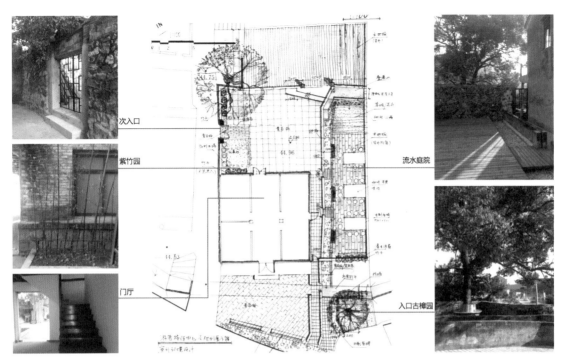

次入口

紫竹园

门厅

流水庭院

入口古樟园

（图片来源：平面设计草图为庞磊手绘，照片为作者拍摄）

图 10-2　兽医站改建设计图与建设实景图

图 10-3　兽医站建筑二层阳台及入口庭园樟树景观

图 10-4　兽医站建筑东侧场地叠水景观实景图

图 10-5　利用原猪槽改建的花坛入口景观

工作室，也可作为沙滩村美丽乡村建设项目指挥部，今后可作为黄岩西部山区游客信息中心。

兽医站改建项目目前已基本完成，并于 2014 年 2 月在其一层展厅布置了屿头乡"美丽乡村"规划实践图片展（图 10-6—图 10-12）。

改建前 | 改建后

图 10-6　沙滩村兽医站改造前后建筑细节对比

改建前 | 改建后

图 10-7　沙滩村兽医改造前后建筑立面效果对比

改建中 | 改建后

图 10-8　沙滩村兽医站改造过程和室内空间对比

改建前｜改建后

图 10-9　沙滩村兽医站改造前后入口景观对比

改建中｜改建后

图 10-10　沙滩村兽医站改造前后屋角绿地景观对比

改建前 改建中

图 10-11　沙滩村兽医站改造前后室外场地对比

建设中 建设后

图 10-12　沙滩村兽医站外部墙体改建前后对比

同时将原有兽医站西南侧闲置空地改建为与太尉殿和信息服务中心配套的停车场,作为沙滩村旅游业发展的重要配套设施。停车场可容纳小汽车24辆、中巴2辆以及大巴3辆。该停车场的建设有助于缓解进入太尉殿游客的机动车停车压力,形成步行友好的社区氛围,对于提升太尉殿片区游赏品质,减少交通安全隐患及机动车尾气具有积极的作用。停车场采用成熟的生态透水砖技术,保持原有场地透水性的同时,满足停车功能。见图10-13—图10-15。

图 10-13　改造后的沙滩村停车场

10.2.2　社戏广场

利用太尉殿前废置空地和村民户外粪便场地,对场地进行整理,拆除部分违章搭建的村民住宅,并适当置换少量的村民住宅建筑,将太尉殿前的公共空间开放出来,扩大场地修建社戏广场,形成以太尉殿为核心的社区公共空间,以供村民、游客赏戏观景,营造向心的

改建前 | 改建后

图 10-14　沙滩村停车场改造前后场地对比

改建前 | 改建后

图 10-15　沙滩村停车场改造前后街景对比图

农村社区社会文化氛围。该项目已建设完成,见图 10-16。

10.2.3　太尉殿客栈

在太尉殿前,将一处老旧村民住宅进行整修改造,转换功能,并置换一幢村民住宅,在社戏广场边新建太尉殿客栈。客栈采用黄岩乡村地区传统民居木建筑结构。建成后底层可作为与太尉殿配套的为香客提供素斋服务的功能,并成为村民和游客日常交流活动的茶室,作为接待四方游客的重要场所,同时也为观看社戏广场的地方文化戏剧表演等活动提供新的观赏视角。该项目已建成,见图 10-17、图 10-18。

10.2.4　乡村旅社

乡村旅社项目位于原乡镇府所在地,亦称"乡公所",曾作为邮电局、信用社、广播站等多种功能,后租给工厂使用。现状建筑保留完整、质量良好,规划将其改建为乡村旅社。通过建筑立面修整、内部功能置换等,保留传统建筑风貌,增加文化内涵。目前工厂已完成搬迁,改建项目正在进行中,见图 10-19、图 10-20。

改建前 ｜ 改建中

改建中

改建后

图 10-16　社戏广场改造前后对比图

图 10-17　以传统工艺修建中的木结构太尉殿客栈

改建前 | 改建中

改建中 | 改建后

图 10-18 太尉殿客栈改造前后对比图

改建前 | 改建中

图 10-19 乡村旅社改造进行中

改建前 | 改建中

图 10-20 乡村旅社内院改造进行中

10.2.5　"太极潭"公园

将原有坑塘水面扩大,取太尉殿之"太",柔极溪之"极",取名"太极潭",同时"太极"与太尉殿的道教内涵相联系。建设时保留好周边古树名木,修建凉亭步道,提升环境品质,成为沙滩村的公共场所,同时作为屿头乡集镇的村民公园,与周边兽医站改建的黄岩西部山区游客信息中心相联系,形成沙滩村太尉殿片区的入口节点。目前项目已经完成,见图10-21—图10-23。

图 10-21　太极潭公园建设中

改建前｜改建中

图 10-22　太极潭改建前后对比图

改建前｜改建中

改建后

图 10-23　太极潭改建前后周边场地、景观对比图

10.2.6 "天云塘"建设

根据沙滩村水系规划,"天云塘"利用村原有荒废空地、部分菜地建设景观水池。尊重地形高差特征形成缓坡驳岸和景观水塘,驳岸材质选择当地河滩卵石材料砌石带与草皮相间布置,营造亲水环境的同时有利于场地雨水汇集排放。"天云塘"取名于"天光云影共徘徊"诗句,因为沙滩村溪流清澈,"为有源头活水来",见图 10-24。

改建前｜改建中

改建前｜改建中

图 10-24 "天云塘"改建进行中

建设中｜建设后

图 10-25 东坞观光桥改建前后对比图

178

10.2.7　东坞观光栈桥

东坞观光栈桥沿村内主要的河流——柔极溪依山畔水而建。柔极溪两岸山水景观秀丽独特，以村民上山砍柴的步行道为基础，规划沿山体新建步行栈道，以提供景观体验游路径，增添游赏趣味，提升游客和村民日常休闲生活品质的同时增强石狮坦村与沙滩村的联系，形成石狮坦村和沙滩村旅游项目的联动效应。该项目已建设完成，见图 10-25。

10.2.8　原有部分村民住宅山墙立面改造与环境整治

目前沙滩村沿主要道路的村民住宅山墙立面改造基本完成，主要通过外墙粉饰、屋顶修整、窗框统一等改造方式实现，片区风貌已大为改善。规划新建住宅部分正在建设中，见图 10-26。

改建前 | 改建中

图 10-26　沙滩村村民住宅山墙立面改造前后对比图

10.2.9　市政设施规划建设

根据屿头乡市政基础设施规划和台州市"五水共治"要求，沙滩村正在修建各类市政基础设施，包括污水管网、雨水管网系统和环卫设施，见图 10-27—图 10-29。沙滩村的污水主干管敷设已全面展开，采用主干管与支网相结合的方式，污水收集后汇入屿头集镇污水管网系统。根据 300 米服务半径设置公共厕所，目前在社戏广场西北侧新建·座公厕，彻底改变了原先户外便坑十分简陋的设施。此外，柔极街已敷设了污水主干管，村庄沿路的水渠已经疏浚，增辟了沿水渠的步行小道，形成了十分宜人的景观环境。柔极溪北侧堤岸与柔极街的交叉口位置，新设了一处景廊，形成了远方山景和沙滩村街景的景观联系。

图 10-27　公厕建造前后对比

图 10-28　疏通后的沙滩村河渠

图 10-29　柔极溪堤岸环境景观改造

10.3　阶段经验总结

10.3.1　因地制宜，功能更新

因地制宜地对原有空间环境及场地进行改造，尊重原有乡村街巷结构和整体风貌特色，传承和创新具有地方乡土环境风貌特色和建筑文化元素，使得"美丽乡村"规划建设充满乡土特色。同时，对民生设施的改造应结合乡村未来发展，针对性地为改造后的空间注入新的功能。例如屿头乡沙滩村规划对兽医站、太尉殿等建筑及周边场地环境的改造实践。

10.3.2　文化传承，社区建设

这是村民的精神文化生活和农村社区规划建设的核心内容之一。规划通过把握乡村地域文化生活特征，为村民提供与之匹配的环境与场地，促进村民参与的积极性，积聚乡村社会生活的人气。例如本次规划对沙滩村社戏广场的改造建设，成为凝聚乡村社会资本的重要契机。

10.3.3　民生为本，设施保障

以民生为本的乡村规划和建设应切实改善村民生活品质、缩小公共服务的城乡差距，其重要的举措是：通过适用技术的应用对村庄市政基础设施进行经济合理地改造，为村民生活生产提供可靠保障。本次规划中通过"五水共治"——保供水、治污水、防洪水、排涝水、抓节水，以及在公厕新建、垃圾站规划建设等方面采取有效措施，切实改善民生和乡村人居的环境品质。

10.3.4　"三适"原则的实践指导意义

在台州市黄岩区屿头乡沙滩村"美丽乡村建设"项目实践中，"适合环境，适用技术，适宜人居"的"三适原则"得到了充分的体现和运用。尽管沙滩村的自身发展条件有限，但通过着眼"三适原则"这一"美丽乡村"建设的共同认知，可以较为准确把握沙滩村"美丽乡村"建设的规划定位、技术选择以及实施保障等核心环节。实践表明，"三适原则"在"美丽乡村"建设中具有较强的指导性和普适性。

10.3.5　沙滩村"三位一体"的实践样本

在沙滩村美丽乡村建设实践中，规划以突出物质空间环境品质的主导要素为突破，通

过集体资产属性的公共建筑的改建、功能置换及周边环境改造，强化乡村地域的社会文化内涵，并在充分尊重现有农耕经济的基础上，注入未来以乡村旅游业发展地可能性。通过村庄物质空间建设和提升，补充并强化村庄社会文化内涵、培育新型产业经济发展要素，形成沙滩村空间环境、社会文化、产业经济协调互动发展。目前沙滩村"美丽乡村"建设项目全面进入实施阶段，部分改建、改造项目已完工，乡村风貌得到了极大的改善，村民社会生活品质明显提升，对未来旅游业的发展带来了促进作用，因此规划取得了村民普遍的积极评价和旅游产业投资商的关注。

在本书提到的台州市黄岩区屿头乡等乡镇7个不同类型村庄"美丽乡村"建设的每一个规划实践中，均统筹考虑了村庄产业经济发展、社会文化发展和物质空间环境发展三个方面的要素，并因地制宜地根据村庄的现状特征及发展潜力，在三方面要素中明确其中一个方面作为规划主导要素。在此基础上，规划通过"主导要素"的先导实践，进一步带动另外两个方面，逐渐平衡三方面发展，最终形成"美丽乡村"建设从产业经济、社会文化和空间环境全面均衡发展。

附录 A　村民意愿问卷调查表及其分析

　　为了美丽乡村建设实践能更切实地了解屿头乡村民的实际意愿与设施需求，本次规划建设实践针对屿头乡各有关村的村民日常生活相关的现状公共服务设施、市政基础设施的满意程度与需求意愿进行调研，随机对屿头乡 5 个村 200 个村民以及头陀镇白湖塘村 40 个村民发放了村民意愿调查表。通过社会调查与访谈的方式掌握村民实际意愿。

　　本次村民意愿调查表的内容分为两大部分，第一部分针对村民的家庭基本情况，统计包括：年龄、性别、文化教育程度、目前职业情况、居住人口、家庭年均收入等内容。第二部分着重关注乡村人居环境，了解村民对村庄现状建设评价和未来发展意愿，包括：定居意愿调查、配套设施需求与满意度调查、景观环境满意度、出行方式等。

　　下面例举屿头乡沙滩村农村社区村民调研报告的内容，既是对沙滩村村民随机抽样调研情况的一个切片，以了解目前村民基本状况和意愿诉求的概况，同时，调研访谈过程也反映本次美丽乡村规划建设过程中村民参与的一种方式。

黄岩区屿头乡沙滩村农村社区村民意愿调研报告

A1 调查问卷设计、样本分布与数量

A1.1 调研问卷设计

调查问卷主要针对屿头乡沙滩村村民使用公共服务设施、市政基础设施的满意程度与需求意愿。调查问卷分为2部分：

（1）村民家庭基本情况，包括：年龄、性别、文化教育程度、目前职业情况、居住人口、家庭年均收入。

（2）村民对村庄建设评价和意愿，包括：定居意愿调查、配套设施需求与满意度调查、景观环境满意度、出行方式。

A1.2 样本分布数量

调研选取沙滩村村庄居民点进行问卷调查，发放41份问卷，回收40份，其中部分问卷有效答案数量小于40，统计是以各个问题的有效答案作为总和。

问卷题中存在多项选择时，统计比例的分母按有效样本数计算，反映村民重复选择各选项的人数比例。

A2 调查问卷统计分析

A2.1 村民家庭基本情况统计

（1）问卷问题1："您的年龄"

被调研的村民年龄分布主要集中在25岁到60岁之间，占有效问卷比例的70.00%。见表A-1。

表 A-1　　　　　　　　　　　　　村民年龄分布表

年龄	18~24岁	25~34岁	35~44岁	45~60岁	60岁以上	总数
样本数量	4	5	11	12	8	40
比例	10.00%	12.50%	27.50%	30.00%	20.00%	100.0%

（2）问卷问题2："性别"

有效问卷中男女比例为60.00%比40.00%。见图A-1和图A-2。

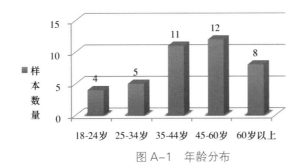

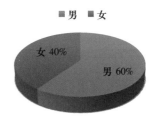

图 A-1　年龄分布　　　　　　　　　图 A-2　男女比例

（3）问卷问题3："文化教育程度"

有效问卷中村民的文化教育程度主要集中在初中及初中以下水平，比例为75.00%。而其中未就学的村民为2人；初中文化水平的人数有16人，占总人数40.00%。见表A-2及图A-3。

表 A-2　　　　　　　　　　　　村民教育程度分布表

教育程度	未就学	小学	初中	高中或中专	大专以上	总数
样本数量	2	12	16	5	5	40
比例	5.00%	30.00%	40.00%	12.50%	12.50%	100.0%

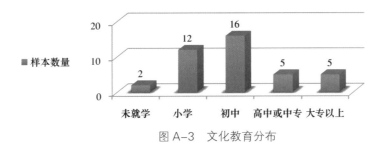

图 A-3　文化教育分布

（4）问卷问题4："目前职业情况"

有效问卷中，村民的职业为农民的占27.50%，工人占22.50%，三产服务人员占10%，学生占7.50%，无业的有2.50%，选择"其他"的村民有30.00%。"其他"主要指不固定的或非上述分类中的职业。见图A-4。

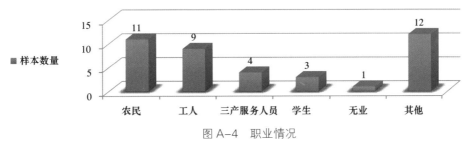

图 A-4　职业情况

（5）问卷问题5："家庭人员"

受访村民中，现状户均人数大于4人的占总比例的45.00%，而户均外出打工人数小于等于2人的占97.50%，户均儿童数（14岁以下）为1的占22.50%，孩子不在身边的家庭占65.00%。见图 A-5—图 A-7。

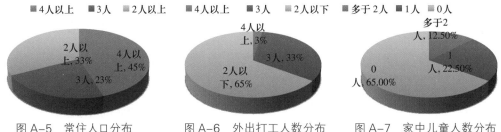

图 A-5 常住人口分布　　　　图 A-6 外出打工人数分布　　　　图 A-7 家中儿童人数分布

（6）问卷问题 6："村民家庭年均净收入"

村民家庭年均家庭净收入按比例递减排序依次为：分布在 2000–6000 元，占 27.50%，收入在 25000 元以上的家庭占 25.00%，6000–10000 元和 10000–15000 元的分别占 20.00% 和 17.50%，收入在 15000–20000 元的家庭有 7.50%，收入在 2000 元以下的家庭有 2.50%。见图 A-8。

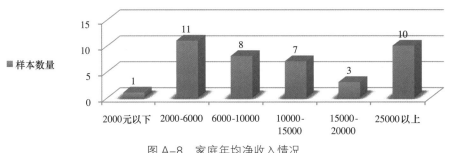

图 A-8　家庭年均净收入情况

A2.2　定居意愿调查

（1）问卷问题 7："您家的宅基地面积多少 m²；房屋面积多少 m²"

关于村民现状的户均宅基地面积中，宅基地面积在 40–80m² 以上的居多，共 29 户（占总比例 72.50%）；村民的现状户均居住面积，有 16 户村民户均居住面积在 100–200m²，占 40.00%，9 户居民居住面积大于 300m²，占 22.50%，5 户居民居住面积在 100m² 以下，占 12.50%，10 户居民居住面积在 200~300m²，占 25.00%。见图 A-9 和图 A-10。宅基地类型的结构比例也反映了家庭人口规模结构的比例。

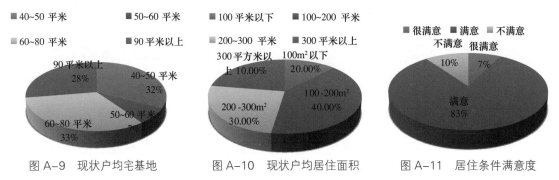

图 A-9　现状户均宅基地　　　　图 A-10　现状户均居住面积　　　　图 A-11　居住条件满意度

（2）问卷问题 8："您对现在居住条件的满意程度？"

有效问卷中 33 户村民选择"满意"，占总人数的 82.50%，而"不满意"的村民占 10.00%，有 3 名受访村民选择了"很满意"。见图 A-11。

（3）问卷问题9："您认为您的居住条件最需要改善的部分是"

（此问题为主观开放题，回答较分散，另行统计）

（4）问卷问题10："您是否愿意接受统一规划（拆村并点、村民进城），新建的相对集中的住房？"

35名村民表示"愿意"，占总比例的87.50%，而4名村民表示"不愿意"，还有1名村民选择"无所谓"。见图A-12。

（5）问卷问题11："如果统一规划，合作建房，会形成什么不方便的因素和阻力？"

大多数村民选择了"自留地难以就近分配"，占35.00%，各自有25.00%的村民选择了"缺乏财力"和"习惯独门独户"，22.50%的村民认为"村民难以统一行动"，还有12.50%的村民认为"其他"。见图A-13。

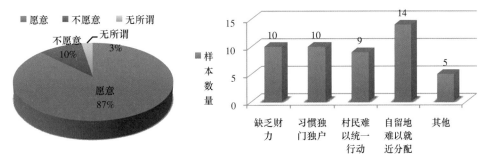

图A-12 村民接受统一规划的意愿　　　　　　图A-13 统一规划可能阻力

（6）问卷问题12："您愿意选择多少面积的住宅居住？"

受访村民中各有42.50%的选择"200m² 左右"，27.50%的村民选择了"150m² 左右"，22.50%的村民选择"110m² 左右"，7.50%选择"90m² 左右"，没有村民选择"70m² 左右"的住宅面积。见图图A-14。

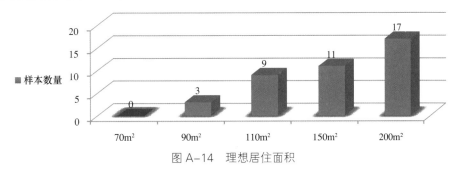

图A-14 理想居住面积

A2.3　配套设施需求与满意度调查

（1）问卷问题13："您希望增添什么公共服务设施？（可以多选）①村诊所②图书馆③活动室④体育健身设施⑤敬老院⑥其他"

有效问卷中有20.00%的村民选择"村诊所"，25.00%的村民选择"图书馆"，35.00%的村民选择"活动室"，有30.00%的村民选择"体育健身设施"，42.50%的村民选择了"敬老院"，还有20.00%的村民选择"其他"。见图A-15及表A-3。

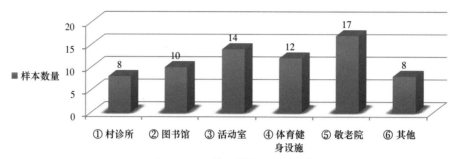

图 A-15 希望增添的公共设施

表 A-3　　　　　　　　　村民希望增设的公共服务设施比例分布

公共设施	①村诊所	②图书馆	③活动室	④体育健身设施	⑤敬老院	⑥其他
样本数量	8	10	14	12	17	8
比例	20.00%	25.00%	35.00%	30.00%	42.50%	20.00%

（2）问卷问题 14："您觉得目前日常看病是否便利？正常情况下，您看病常去的医疗机构是？"

其中，对于日常看病是否便利，25 名受访者选择"便利"，15 人选择了"不便利"。

对于常去的医疗机构是哪里，有效问卷中选择"乡镇卫生院"的累计表决比例为 70.00%，剩余 25.00% 选择了"县卫生院"，还有各有 2.50% 的村民选择了"当地私人开办的医疗机构"和"村卫生室"。见图 A-16、A-17。

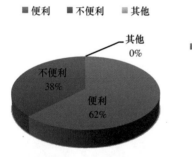

图 A-16 村民看病便利程度调查

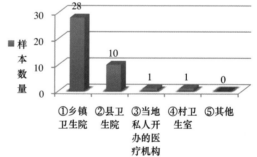

图 A-17 村民常去看病的医疗机构

（3）问卷问题 15："您觉得托幼所情况怎样？上一年您的孩子入托共缴纳了多少钱（包括书费，杂费）？"

对于托幼所的情况，34 名村民选择了"无"，有 5 人选择了"有"，1 人选择了"其他"。无费用开支方面的信息。见图 A-18。

（4）问卷问题 16："您日常洗澡场所是？您是否打算安装太阳能热水器？"

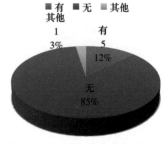

图 A-18 村庄幼托建设调查

对于日常洗澡场所，所有 40 名村民都选择"在自己家解决"。而对于"是否打算安装太阳能热水器？"，15 名村民选择"是"，占 37.50%，同样有 15 人选择了"否"，还有 3 名村民表示"无所谓"，7 人选择"其他"。见图 A-19、图 A-20。

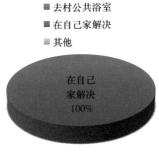

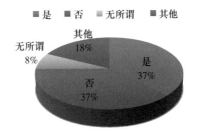

图 A-19　村民洗澡情况调查　　　　图 A-20　村民安装太阳能热水器的意愿

（5）问卷问题17："您觉得村图书室情况怎样？"

受访村民中，2名村民认为村庄中有图书室，36名村民认为"无"图书室，还有2名村民选择了"其他"。见图 A-21。

（6）问卷问题18："您村内是否有商店、超市；购买日常用品是否便利？"

受访村民中，52.50% 的村民表示"有，很方便"，42.50% 的人则表示"有，但种类不全不方便"，2.50% 的村民选择了"无"，还有 2.50% 选择"其他"。见图 A-22。

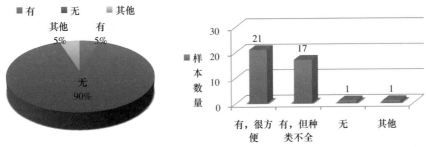

图 A-21　村庄图书室建设情况　　　图 A-22　商店、超市日常用品购买便利评价

（7）问卷问题19："您村的老年活动站情况怎样？"

对于老年活动站，27.50% 的村民表示"有，有用"，35.00% 的村民认为"有，但一般"，30.00% 的村民认为"有，不是很有用"，2.50% 的村民选择了"无"，还有 2.50% 的受访者选择了"其他"。见图 A-23。

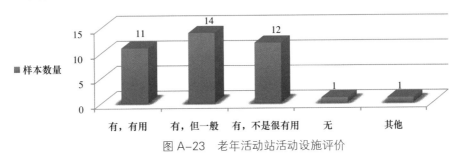

图 A-23　老年活动站活动设施评价

（8）问卷问题20："您觉得室外活动健身场地情况怎样？

有18名村民认为"有，配备完善"，18名认为室外活动场地"有，但设施不完善"，其余4名村民认为"无"此设施。见图 A-24。

（9）问卷问题21："您村目前的农贸集市情况怎样？"

有 39 名村民全部表示"只有集市"，有 1 名村民表示"有固定农贸市场"，见图 A-25。

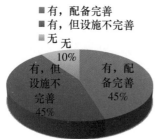

图 A-24　村庄室外活动健身场地情况

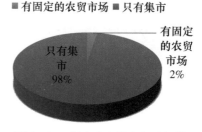

图 A-25　村庄室农贸市场建设情况

（10）问卷问题 22："您认为村里的文体娱乐方面设施（如文化馆、科技馆、图书馆、体育场地等）建设所需资金应当主要由谁来出？"

有 9 名村民选择"全由财政拨款"，占 22.50%。30 名村民选择"财政拨款和村民集资"，占 75.00%，只有 1 人认为应当由"居民共同出资"。见图 A-26。

（11）问卷问题 23："您是否愿意在村里建设集中的服务中心？"

表示"是"的村民有 27 位，占总数的 67.50%，还有 1 人认为"不需要"，另外 12 名村民认为"无所谓"，占 30.00%。见图 A-27。

（12）问卷问题 24："您是否希望使用太阳能热水器？"

32 名村民表示"愿意"，占 80.00%，2 名村民民则"不愿意"，而 6 名村民认为"无所谓"。见图 A-28。

（13）问卷问题 25："您家生活用水的主要来源是？"

使用"供应的自来水"的村民有 30 位，占 75.00%，6 人选择"家水井"，还有 4 人选择"河流湖泊水、村里公用井等"。见图 A-29。

（14）问卷问题 26："您目前使用的饮用水水质状况如何？"

15 名村民认为"很好"，24 位受访村民认为"一般"，还有 1 名村民认为"非常差"。见图 A-30。

（15）问卷问题 27："您目前洗衣、洗澡、洗菜等污水如何排放？"

选择"管道排入公共管道的"村民占 37.50%，"管道排入户外水沟"的占 55.00%，"浇地"的为 7.50%，没有人选择"随意倾倒"和"倒入户外水沟"。见图 A-31。

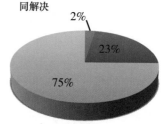

图 A-26　文化娱乐资金来源意愿调查

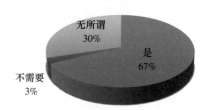

图 A-27　服务中心建设意愿调查

图 A-28　村民使用太阳能热水器意愿调查

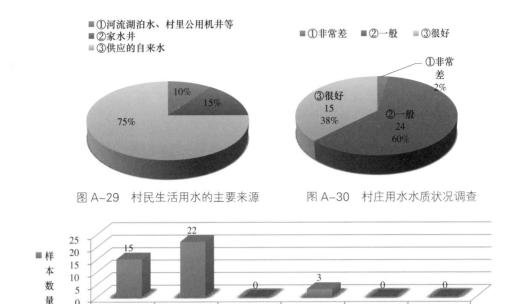

图 A-29　村民生活用水的主要来源　　　　图 A-30　村庄用水水质状况调查

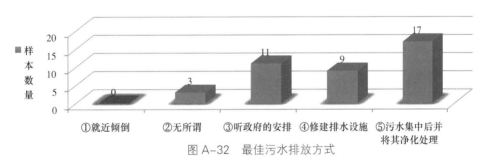

图 A-31　生活污水排放方式

（16）问卷问题 28："对于日常污水排放处理，你觉得哪种方式最好？"

42.50% 的村民选择"污水集中后并将其净化处理"，27.50% 的村民认为"听政府安排"，有 22.50% 的村民选择"修建排水设施"，还有 7.50% 的村民表示"无所谓"。见图 A-32。

图 A-32　最佳污水排放方式

（17）问卷问题 29："您日常一般去哪里上厕所？"

选择"自家（水厕）"的占 80.00%，15.00% 的村民选择"自家（马桶）"，选择"自家（旱厕）"的村民占 5.00%，没有村民选择"公共厕所"（村庄改造之前无公共厕所）。见图 A-33。

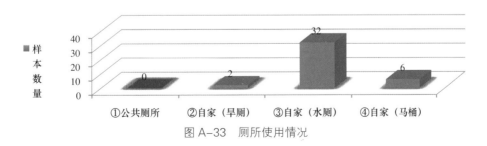

图 A-33　厕所使用情况

（18）问卷问题 30："您家的厕所是否进行了改造（主要指改沼气）？"

23 名村民选择了"无"，还有 17 位受访者选择了"是"。见图 A-34。

（19）问卷问题 31："粪便等排放情况。"

38 名村民选择排入"自家化粪池"，占 95.00%，1 名村民选择"排入几家合用的化粪池"，占 2.50%，还有 1 人选择了"其他"。见图 A-35。

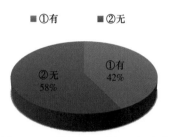

图 A-34　厕所是否进行沼气改造

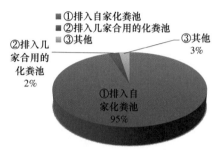

图 A-35　粪便排放情况调查

（20）问卷问题 32："是否希望建设化粪池处理生活污水？"

72.50% 的村民选择"是，每家一处"，20.00% 的村民选择"是，多家合建一处"，没有村民表示不希望建设化粪池处理污水，另外 7.50% 的村民则认为"无所谓"，见图 A-36。

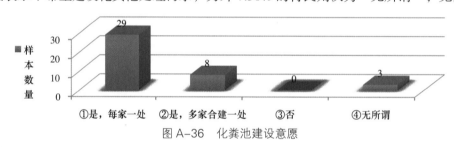

图 A-36　化粪池建设意愿

（21）问卷问题 33："您日常生活垃圾的处理方式"

97.50% 的村民以"倾倒在固定垃圾点"的方式处理，2.50% 的村民选择了"请人来收"，见图 A-37。

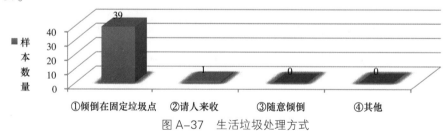

图 A-37　生活垃圾处理方式

（22）问卷问题 34："是否希望设封闭垃圾收集设施对生活垃圾进行收集和转移？将来您最愿意选择的垃圾收集方式是什么？"

65.00% 的村民选择"希望"，12.50% 的村民选择"否"，其中 1 人拒绝的原因是认为"日常运营需要交费"，4 人则认为"不需要"，另外 22.50% 表示"无所谓"。对于"垃圾收集的方式"，87.50% 的村民选择"垃圾桶收集"，10.00% 的村民选择"流动垃圾车到户收集"，还有 2.50% 的村民认为"无所谓"。见图 A-38 和图 A-39。

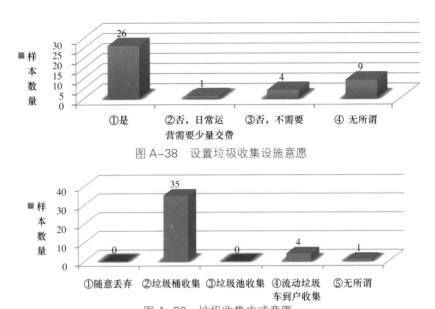

图 A-38　设置垃圾收集设施意愿

图 A-39　垃圾收集方式意愿

（23）问卷问题 35："您目前做饭采用的燃料是？"

选择"烧柴"的村民有 37.50%，使用"煤气罐"的占 62.50%。见图 A-40。

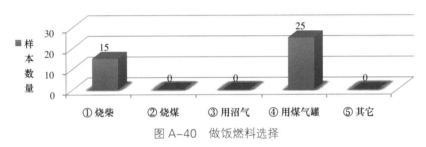

图 A-40　做饭燃料选择

（24）问卷问题 36："冬天您的住宅的主要取暖方式？您最愿意使用哪种燃料取暖？"

47.50% 的村民用"电"，45.00% 的村民"烧柴火"，7.50% 的村民用"集中供暖"。

对于取暖能源的意愿，各有 30.00% 的村民希望采取"烧柴"，10.00% 的受访村民希望"用沼气"，7.5% 希望"用煤气"，而 52.50% 的村民选择"其他"。见图 A-41 和图 A-42。

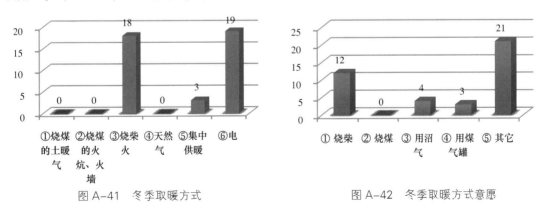

图 A-41　冬季取暖方式

图 A-42　冬季取暖方式意愿

（25）问卷问题 37："您觉得目前的电价是否可以承受？"

33 名村民表示"可以承受"，占 82.50%，6 名村民认为"不能接受"，还有 1 人选择了"其他"。见图 A–43。

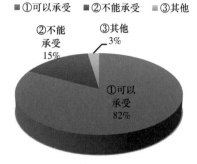

（26）问卷问题 38："你家的地现在用井水灌溉还是用地表水灌溉？灌溉一次平均支付多少钱？水井或放水口离你家这块地有多远？"

在受访村民中，7 名明确表示使用地表水灌溉。经过情况了解，该村主要使用地表水，用水泥渠道引流。

图 A–43 村民对电价承受评价

A2.4 景观环境满意度调查

（1）问卷问题 39："您所在的村庄是否是生态建设示范村？"

回答"是"的村民有 38 人，占回答人数的 95.00%。回答"不是"的有 2 人，占 5.00%。

（2）问卷问题 40："您对现在的生活环境总体满意吗？"

有 5.00% 的村民表示"很不满意"，表示"不太满意"的村民占 20.00%，"基本满意"的占大多数，占到 55.00%，20.00% 的村民"很满意"，见图 A–44。

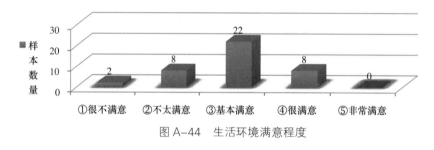

图 A–44 生活环境满意程度

（3）问卷问题 41："您认为本村的生态环境问题表现在哪些地方（多选多填）①脏②乱③水受到污染④山体植被遭到破坏⑤住宅区没有公共绿地⑥没有休闲的公园⑦其他"

反映最多的环境问题是"住宅区没有公共绿地"，达到 40.00%，27.5% 的村民选择了"没有休闲公园"，其次是"山体植被遭到破坏"，有 20.00% 的村民选择，"乱"和"脏"各有 15.00% 的村民选择，选择"水污染"的有 10.00%，还有 27.50% 的选择了"其他"。见图 A–45。

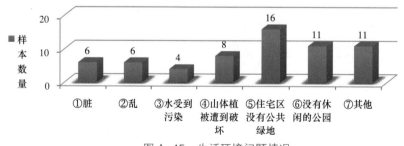

图 A–45 生活环境问题情况

（4）问卷问题 42："对本村生态环境中不满意的方面，您觉得①没必要改变，过一天算一天②改不改无所谓③要改但需等待政府解决④该改，政府、个人都应有责任⑤通过自己的努力来改变。"

194

52.50% 受访村民认为"该改，政府、个人都应有责任"，25.00% 的受访者则认为"改不改无所谓"，有 17.50% 的受访者认为"要改但是需等待政府解决"，还有 5.00% 的村民认为"没必要改变，过一天算一天"，见图 A-46。

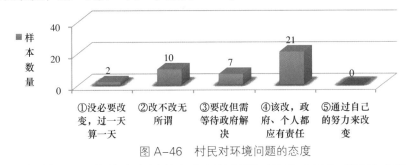

图 A-46 村民对环境问题的态度

（5）问卷问题 43："您认为本村的生态环境问题对您的生活造成了影响吗？"

8 名（20.00%）村民认为"有影响"，32 人（80.00%）认为"没有影响"，见图 A-47。

（6）问卷问题 44："您认为村庄是否需要建有公园等公共游憩绿地？"

35 名（87.50%）村民认为"需要"，5 人（12.50%）认为"没必要"，见图 A-48。

（7）问卷问题 45："您认为本村庄的绿化景观是否满足了当地居民的需求？"

21 名（52.50%）村民认为"满足"，19 名（47.50%）村民认为"未满足"，见图 A-49。

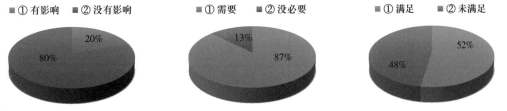

图 A-47 生态环境问题影响程度　图 A-48 对修建公共绿地的态度　图 A-49 村民对绿化景观的评价

（8）问卷问题 46："您认为农村住区的公共绿地面积应该占总面积的比例？"

15 名村民认为公共绿地占地 20%~30% 是合适的，占受访村民的 37.50%，25.00% 村民认为要占 10~20%，12.5% 的村民认为要占 30~40%，10.00% 的村民认为应该达到 40% 以上，5% 的受访者认为"＜ 10%"，还有 10.00% 的村民选择了"其他"，见图 A-50。

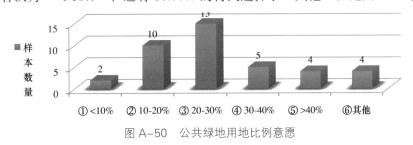

图 A-50 公共绿地用地比例意愿

（9）问卷问题 47："您认为村庄的绿地空间应该包括哪些？"

各有 52.50% 的村民认为是"住宅绿地"，20.00% 的村民选择了"当地山水景观"，17.50% 的村民选择了"公园"，选择"广场绿地"的村民有 15.00%，还有 5.00% 的村民选择了"当地农业景观"，12.50% 选择了"其他"，见图 A-51。

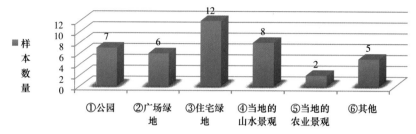

图 A-51　居民的公共绿地类型意愿

（10）问卷问题 48："您认为村庄的生态景观规划应该注重哪些方面？"

52.50% 的村民认为"加强对农村生态环境的保护"很重要，有 47.50% 的村民选择了"村庄山水格局的整体性和连续性"，27.50% 的村民选择"反映农村的景观特色"，22.50% 选择"美观效果"，还有 5.00% 选择"其他"，见图 A-52。

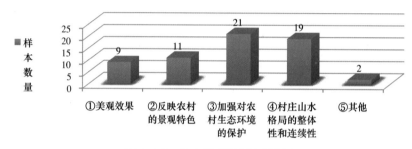

图 A-52　生态景观规划注重方面

（11）问卷问题 49："如果村里现在有一笔资金，您觉得最需要先修建、改善以下哪项设施？"

从村民的选择来看，"饮水设施"，"道路"和"活动中心"相较而言更为需要，其余选项的需要程度均一般，"沼气"普遍被村民反映不太需要。见表 A-4—表 A-6 和图 A-53—图 A-55。

表 A-4　　　　　　　　　　村民对基础设施急需程度调查

基础设施\急需程度	非常急需	急需	一般	不急需	最不急需
道 路	13（32.50%）	10（25.00%）	9（22.50%）	8（20.00%）	0（0.00%）
饮水设施	15（37.50%）	9（22.50%）	8（20.00%）	7（17.50%）	1（2.50%）
沼 气	4（10.00%）	6（15.00%）	7（17.50%）	15（37.50%）	8（20.00%）

表 A-5　　　　　　　　　　村民对公共设施急需程度调查

公共设施\急需程度	非常急需	急需	一般	不急需	最不急需
活动中心	9（22.50%）	16（40.00%）	6（15.00%）	7（17.50%）	2（5.00%）
学 校	2（5.00%）	6（15.00%）	13（32.50%）	14（35.00%）	5（12.50%）
诊 所	6（15.00%）	14（35.00%）	11（27.50%）	9（22.50%）	0（0.00%）
养老院	10（25.00%）	7（17.50%）	8（20.00%）	11（27.50%）	4（10.00%）

表 A–6　　　　　　　　　　　村民对环境与环卫设施急需程度调查

环卫设施 \ 急需程度	非常急需	急需	一般	不急需	最不急需
排水设施	12（30.00%）	12（30.00%）	11（27.50%）	4（10.00%）	1（2.50%）
生活垃圾处理设施	17（42.50%）	12（30.00%）	6（15.00%）	5（12.50%）	0（0.00%）
环境改善	18（45.00%）	15（37.50%）	6（15.00%）	1（2.50%）	0（0.00%）

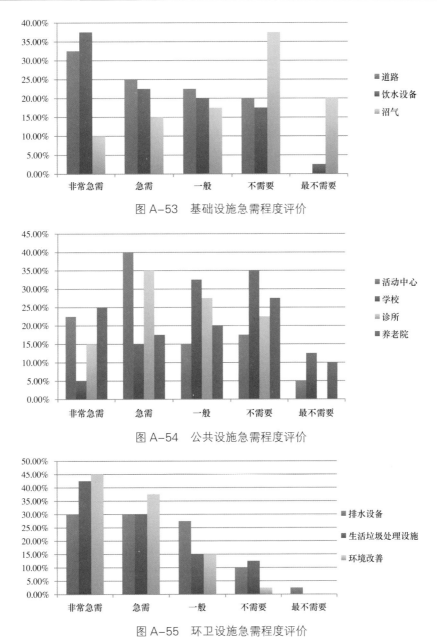

图 A–53　基础设施急需程度评价

图 A–54　公共设施急需程度评价

图 A–55　环卫设施急需程度评价

A2.5　出行方式调查

（1）问卷问题 50："您日常出行的主要方式为？"

村内出行以步行为主，占 50.00%，使用自行车的村民也较多，占 32.50%。村外出行则

197

主要使用公交车，还有部分使用摩托车和汽车出行。见表 A-7 及图 A-56。

表 A-7 村民日常出行方式选择比例

	自行车	公交车	汽车	摩托车	步行	其他
村内：	13（32.50%）	0（0.00%）	5（12.50%）	2（5.00%）	20（50.00%）	0（0.00%）
村外：5 里内	12（30.00%）	10（25.00%）	10（25.00%）	5（12.50%）	1（2.50%）	2（5.00%）
村外：10 里内	1（2.50%）	23（57.50%）	15（37.50%）	1（2.50%）	0（0.00%）	0（0.00%）
村外：20 里内	1（2.50%）	23（57.50%）	15（37.50%）	1（2.50%）	0（0.00%）	0（0.00%）
村外：20 里以上	0（0.00%）	24（60.00%）	16（40.00%）	0（0.00%）	0（0.00%）	0（0.00%）

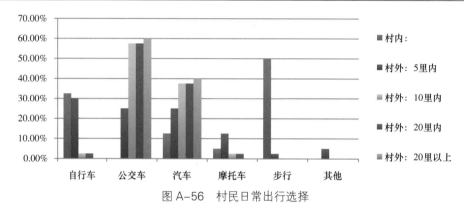

图 A-56 村民日常出行选择

（2）问卷问题 51：“你是否打算在未来 5 年购买车辆？”

27 名（67.00%）村民在未来五年之内没有购车计划，另有 13 名（33.00%）受访村民表示打算买小汽车。

（3）问卷问题 52：“农产品交易的方式主要为？”

37 名村民选择“赶集”的方式交易农产品，占 92.50%，还有 3 名村民选择“其他”。见图 A-57 和图 A-58。

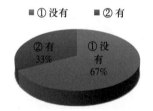

图 A-57 村民购车计划调查

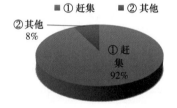

图 A-58 农产品交易方式调查

（4）问卷问题 53：“与乡镇的联系频率？”

20.00% 的村民半年去乡镇一次，各有 7.50% 的村民选择每月去乡镇一次或每周都去，52.50% 的村民则选择“其他”这一选项。见图 A-59。

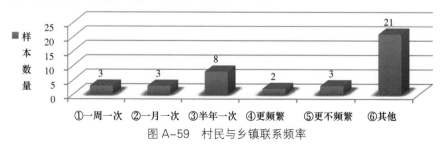

图 A-59 村民与乡镇联系频率

附录 B 沙滩村太尉殿片区建筑档案示例

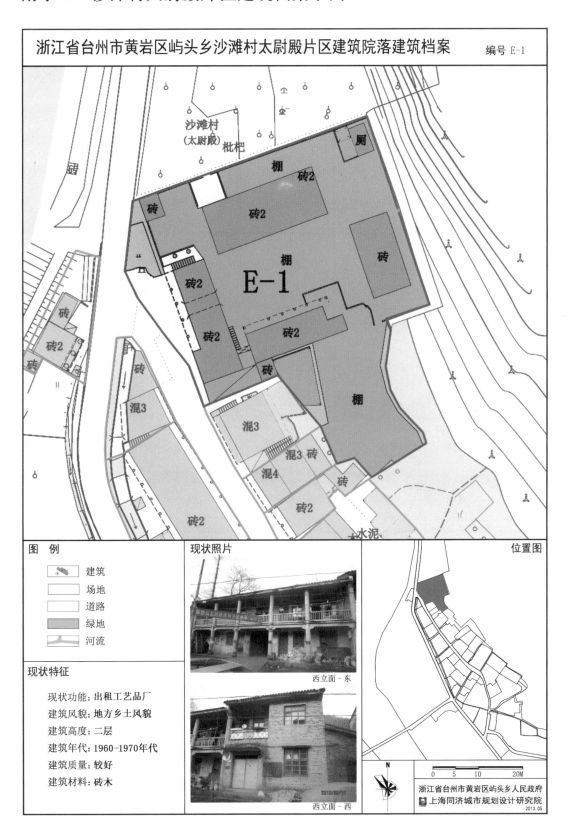

浙江省台州市黄岩区屿头乡沙滩村太尉殿片区建筑院落建筑档案　　编号 E-1

图　例

建筑
场地
道路
绿地
河流

现状特征

现状功能：出租工艺品厂
建筑风貌：地方乡土风貌
建筑高度：二层
建筑年代：1960-1970年代
建筑质量：较好
建筑材料：砖木

现状照片

西立面 - 东

西立面 - 西

位置图

浙江省台州市黄岩区屿头乡人民政府
上海同济城市规划设计研究院
2013.05

浙江省台州市黄岩区屿头乡沙滩村太尉殿片区建筑院落建筑档案

编号 E-7

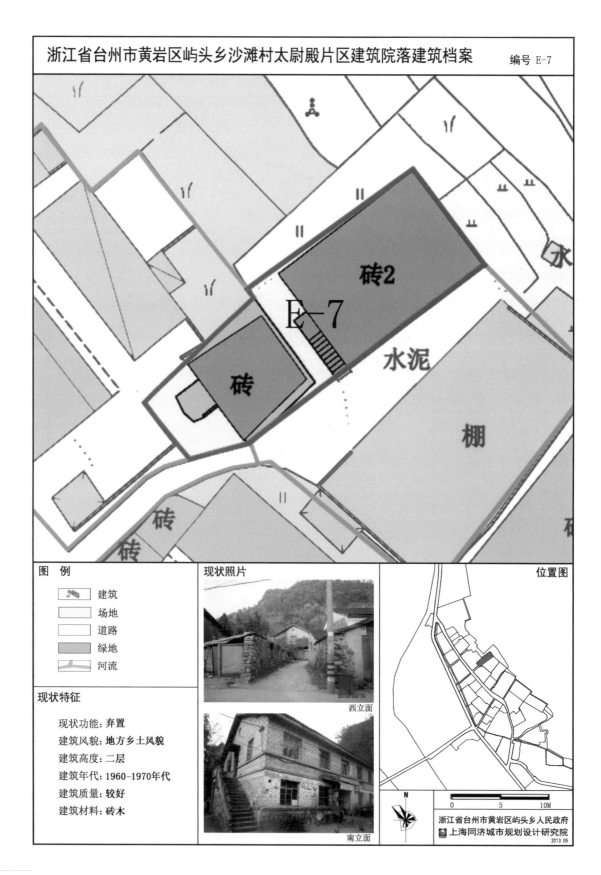

图 例

- 建筑
- 场地
- 道路
- 绿地
- 河流

现状特征

现状功能: 弃置
建筑风貌: 地方乡土风貌
建筑高度: 二层
建筑年代: 1960-1970年代
建筑质量: 较好
建筑材料: 砖木

现状照片

西立面

南立面

位置图

0   5   10M

N

浙江省台州市黄岩区屿头乡人民政府
上海同济城市规划设计研究院
2013.05

浙江省台州市黄岩区屿头乡沙滩村太尉殿片区建筑院落建筑档案 编号 E-9

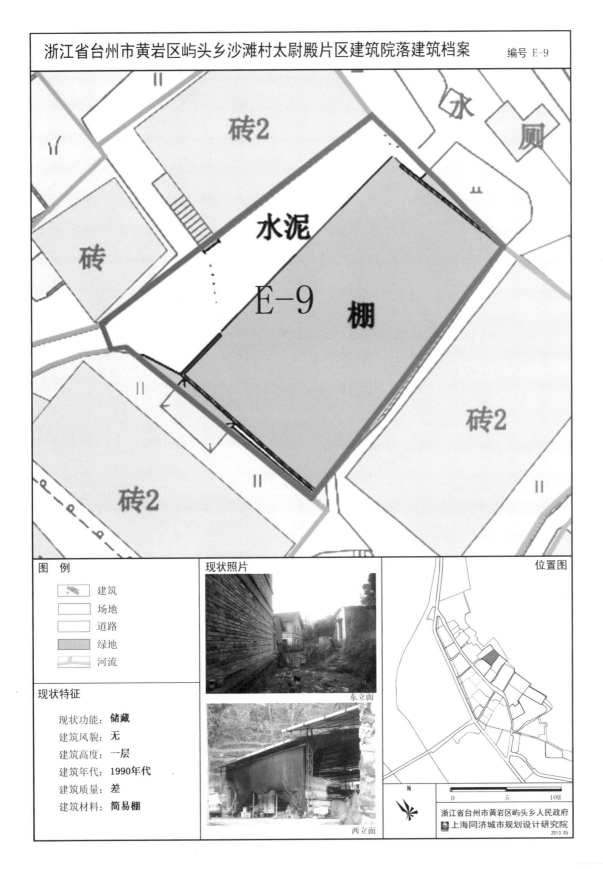

砖2

水厕

砖

水泥

E-9

棚

砖2

砖2

图　例

	建筑
	场地
	道路
	绿地
	河流

现状特征

现状功能：**储藏**

建筑风貌：**无**

建筑高度：**一层**

建筑年代：**1990年代**

建筑质量：**差**

建筑材料：**简易棚**

现状照片

东立面

西立面

位置图

N

0   5   10M

浙江省台州市黄岩区屿头乡人民政府
上海同济城市规划设计研究院
2013.05

201

浙江省台州市黄岩区屿头乡沙滩村太尉殿片区建筑院落建筑档案

编号 E-12

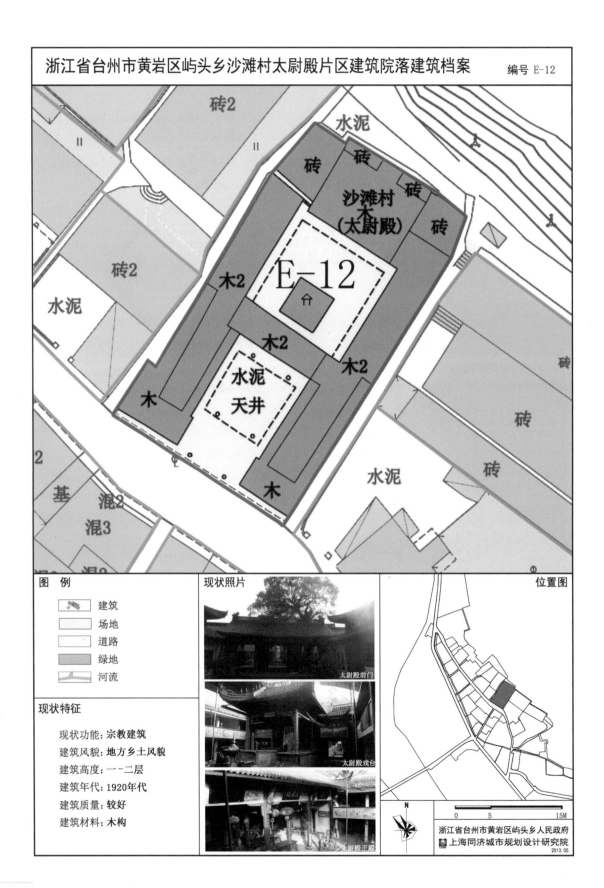

砖2

水泥

砖

砖

砖

砖

砖2

水泥

沙滩村
木
(太尉殿)

木2

E-12

木2

木2

木

水泥
天井

木

基

混2

混3

砖

砖

砖

水泥

木

图 例

	建筑
	场地
	道路
	绿地
	河流

现状特征

现状功能：宗教建筑

建筑风貌：地方乡土风貌

建筑高度：一-二层

建筑年代：1920年代

建筑质量：较好

建筑材料：木构

现状照片

太尉殿前门

太尉殿戏台

太尉殿正殿

位置图

N

0   5   15M

浙江省台州市黄岩区屿头乡人民政府
上海同济城市规划设计研究院
2013.05

浙江省台州市黄岩区屿头乡沙滩村太尉殿片区建筑院落建筑档案

编号 E-13

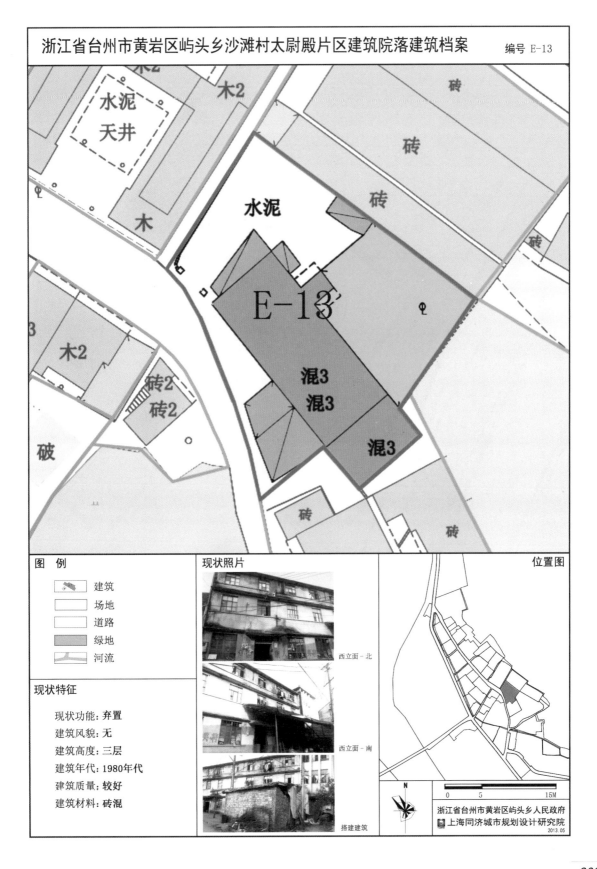

图 例

- 建筑
- 场地
- 道路
- 绿地
- 河流

现状特征

现状功能：弃置
建筑风貌：无
建筑高度：三层
建筑年代：1980年代
建筑质量：较好
建筑材料：砖混

现状照片

西立面-北

西立面-南

搭建筑

位置图

N

0   5   15M

浙江省台州市黄岩区屿头乡人民政府
上海同济城市规划设计研究院
2013.05

203

浙江省台州市黄岩区屿头乡沙滩村太尉殿片区建筑院落建筑档案 编号 W-6

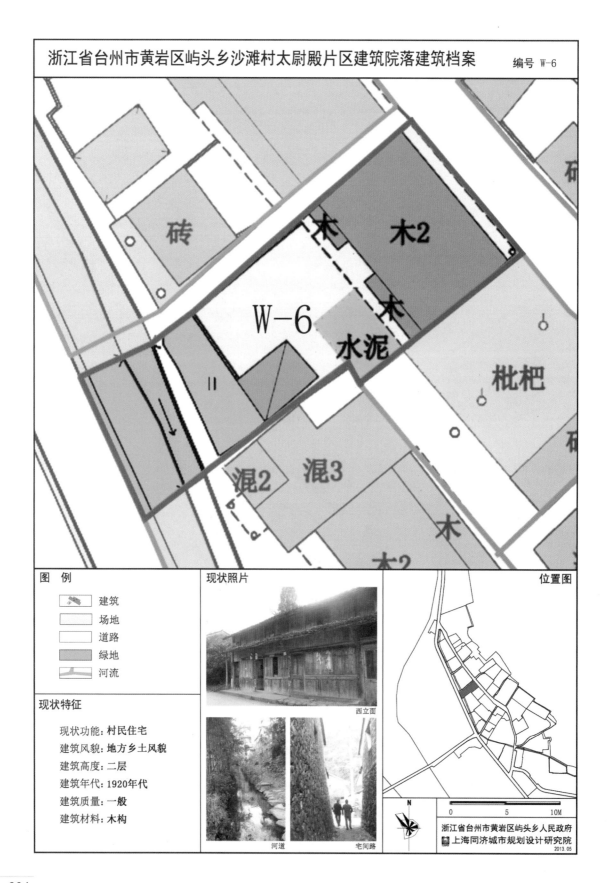

图 例

- 建筑
- 场地
- 道路
- 绿地
- 河流

现状特征

现状功能：村民住宅
建筑风貌：地方乡土风貌
建筑高度：二层
建筑年代：1920年代
建筑质量：一般
建筑材料：木构

现状照片

西立面

河道　　　宅间路

位置图

N

0　　　5　　　10M

浙江省台州市黄岩区屿头乡人民政府
上海同济城市规划设计研究院
2013.05

浙江省台州市黄岩区屿头乡沙滩村太尉殿片区建筑院落建筑档案

图 例

- 建筑
- 场地
- 道路
- 绿地
- 河流

现状特征

现状功能：弃置（兽医站）
建筑风貌：地方乡土风貌
建筑高度：二层
建筑年代：1960-1970年代
建筑质量：一般
建筑材料：砖木

现状照片

西立面

古树

位置图

N

0　　　　5　　　　10M

浙江省台州市黄岩区屿头乡人民政府
上海同济城市规划设计研究院
2013.05

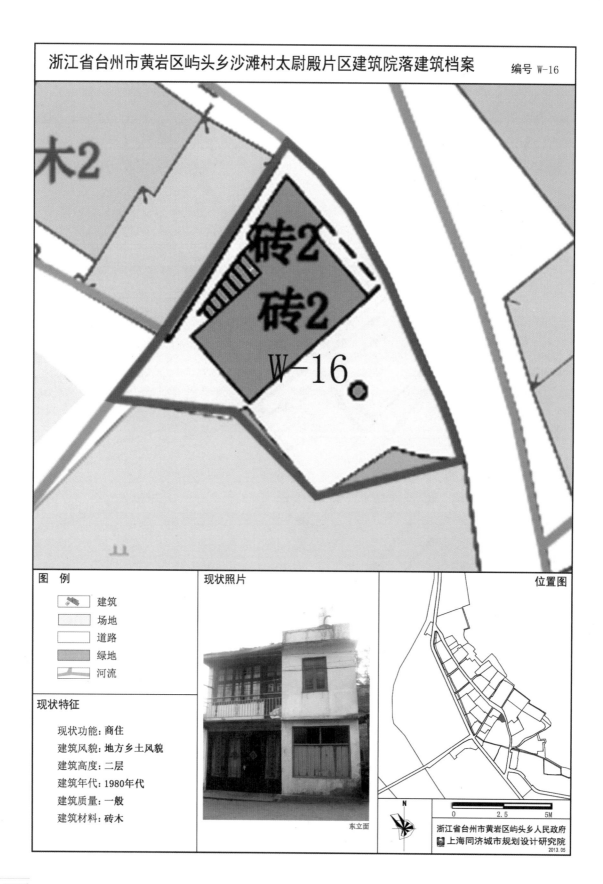

浙江省台州市黄岩区屿头乡沙滩村太尉殿片区建筑院落建筑档案

编号 W-16

木2

砖2
砖2

W-16

图 例

- 建筑
- 场地
- 道路
- 绿地
- 河流

现状特征

现状功能：商住
建筑风貌：地方乡土风貌
建筑高度：二层
建筑年代：1980年代
建筑质量：一般
建筑材料：砖木

现状照片

东立面

位置图

N

0   2.5   5M

浙江省台州市黄岩区屿头乡人民政府
上海同济城市规划设计研究院
2013.05

附录 C　黄岩区屿头乡美丽乡村建造过程实践照片

课题组实地调研（2013.3）

"美丽乡村"暑期实践现场调研结束后，台州市黄岩区农办、屿头乡党委政府主要领导与同济大学师生合影留念（2013.8）

"美丽乡村"建设专题讲座（2013.4）

规划方案讨论（2013.1~2014.9）

项目公众参与（2014.2~2014.10）

项目建设指导（2013.12~2014.10）

规划方案展示（2014.2~2014.10）

参考文献

[1]   费孝通 . 江村经济 [M]. 江苏：江苏人民出版社，1986.

[2]   仇保兴 . 生态文明时代的村镇规划与建设 [J]. 中国名城，2010（6）：4-11

[3]   杨贵庆 . 适合环境 适用技术 适宜人居 [J]. 建筑时报，2013.3.4

[4]   杨贵庆、刘丽 . 农村社区单元构造理念及其规划实践——以浙江省安吉县皈山乡为例 [J].
      上海城市规划，2012（5）：78-83

[5]   杨贵庆 . 农村社区——规划标准与图样研究 [M]. 北京：中国建筑工业出版社，2012.

[6]   杨贵庆 . 乡村中国——农村住区调研报告 2010[M]. 上海：同济大学出版社，2011.

[7]   《国家新型城镇化规划（2014-2020 年）》，2014.

[8]   《台州市黄岩区统计年鉴 2012 年》

[9]   《黄岩区屿头乡总体规划修编（2013-2030 年）》，台州市黄岩区屿头乡人民政府 .

[10] 《潮济村历史文化村落保护与利用规划》（台州市黄岩区农办提供）.

[11] 《北洋镇瑞岩溪生态湿地景观改造工程》（台州市黄岩区农办提供）.

后 记

通过浙江台州黄岩区"美丽乡村"规划建设的实践探索，我们得到了诸多启示。总体来看，当前这一轮对于乡村建设的需求，应当基于乡村本身，是基于乡村的需求、村民的需求，而不是来自城市发展对乡村的诉求，不是把城市的价值观和审美观移植到农村。

首先，"美丽乡村"的规划建设一定要从农业经济发展的实际出发，从农民的需求出发，从农村的实际条件出发，深入调查研究，接住地气；其次，"美丽乡村"的规划建设不是提倡和宣传一种固定的模式，事实上也没有一种放之四海而皆准的模式，而是要通过实践，传递一种因地制宜的思想，传递"三适原则"、"三位一体"和"三个层面"建设的理念，整体切实推进乡村可持续发展。"美丽乡村"的"美丽"，是由内而外的内生活力，是乡村自我的造血机能，是社会参与的公平享有，是传统文化的特色支撑，是生态环境的永续保障，而不是表面"涂脂抹粉"的一时装扮；第三，"美丽乡村"的"美丽"，既是形容词的静态描述，更是实践的"进行时"。由于目前关于"美丽乡村"规划建设，在国家层面尚无规范标准，这就需要各地积极探索实践，不断归纳提炼较为成功的多样化类型，创建示范，为各地区"美丽乡村"建设的分类指导提供智慧。

在本书即将付梓出版之际，作为本研究和项目的负责人，我怀着感恩的心，谨代表本书撰写组成员衷心感谢使得本书出版变为现实的各界人士！

首先，衷心感谢为本书撰写序言的周祖翼教授！2014年7月，时任同济大学党委书记并兼任同济大学新农村发展研究院院长的周祖翼教授，了解到本校城乡规划学专业的师生在浙江台州黄岩区进行"美丽乡村"的教学实践并取得了初步成效之后，便欣然答应为将要出版的本书作序。周教授的序言为课题组师生增添了无比的信心。样书经过2014年8月以来半年多的补充调研、材料整理和出版编辑等多项工作，终于要正式出版，笔者当饮水思源，心存感激！

要特别感谢中国城市规划学会顾问、同济大学建筑与城市规划学院原院长陈秉钊教授为本书作序。陈教授同时担任台州市黄岩区"美丽乡村"规划建设顾问，曾多次亲赴现场调研，举办学术报告会，以其渊博学识和睿智思考，高瞻远瞩地指导了黄岩乡村规划建设实践工作。

同时，要感谢提供同济大学"美丽乡村"规划教学实践的浙江省台州市黄岩区区委、区政府和有关职能部门和领导的大力支持！他们是：台州市市委常委、黄岩区区委陈伟义书记，黄岩区区委副书记、李昌道区长，黄岩区区委陈建勋副书记，黄岩区政府葛久通副区长，台州市市委副秘书长、台州市委市政府农村办公室张宇主任、陈刚敏副主任，社会发展处陈利处长，黄岩区区委办公室陆有国副主任。感谢黄岩区委区政府农村工作办公室同仁的全程指导、配合和参与，除了直接参与本书部分章节撰写的戴庭曦主任外，要感谢农办的陈新国副主任，农村发展科林再华科长。

还要感谢黄岩区住房与城乡建设局的张凌副局长和宁溪分局彭艳艳局长。在屿头乡总体规划编制的过程中，得到了她们以及黄岩区住房与城乡建设局多位领导的指导。屿头乡总体规划的编制为屿头乡沙滩村等各村"美丽乡村"建设提出了乡域发展的总体定位和要求。

感谢黄岩区屿头乡党委和政府的领导和工作人员。除了直接参与本书部分章节撰写的原乡党委钟鹏鸥书记和现任乡政府王欣东乡长之外，要感谢屿头乡党委王一挺副书记，茅国志组织委员，喻佳宣传委员，杨从良武装部长，朱远进人大副主席，屿头乡人民政府孔宏彪副乡长，方国华副乡长，王瑾璟副乡长，林雅组织员，城建办主任江瑞清，城建办袁伟达，等。同时，要感谢屿头乡沙滩村党支部书记黄官森，沙滩村委会主任黄志洪，以及太尉殿负责人员等。特别要感谢全程参与"美丽乡村"项目施工建设的沙滩村村民。可以说，没有他们的共同参与，"美丽乡村"建设是没有意义的。

除了屿头乡之外，还要感谢黄岩区头陀镇党委林彬书记，郑炳荣副镇长、城建办和农办等多位人员。由于他们的配合支持，使得"台州市黄岩区头陀镇白湖塘村美丽乡村规划"荣获"浙江省第三届美丽乡村建设优秀村庄规划竞赛"（2014 年）表扬奖。该竞赛由浙江省住房和城乡建设厅、浙江省农业和农村工作领导小组办公室主办。作为上海同济城市规划设计研究院的合作单位，台州市城建设计研究院给予了积极配合支持。他们是朱持平院长、黄伟忠副院长，徐薇娜、郑瑞燕等。该院张薇等人参与了屿头乡沙滩村规划初期的部分调研工作，在此一并致谢！

感谢中国美术学院专业基础部的叶维亮、周益老师带领的团队参与了屿头乡沙滩村"美丽乡村"规划建设工作。他们承担了沙滩村公共厕所和太尉殿客栈改造的建筑设计方案。在沙滩村"美丽乡村"建设过程中，许多次讨论交流，使笔者获益良多。

衷心感谢同济大学新农村发展研究院常务副院长张亚雷教授。作为新农村发展研究院的重要实践课题和成果之一，得到了张教授的大力支持和肯定，并促成了同济大学新农村发展研究院"中德乡村人居环境规划联合研究中心"的成立。

最后，更要感谢给予本书出版支持的上海同济城市规划设计研究院周俭院长、张尚武副院长等领导。该院"教学资助项目"基金为本书作为"校地联合"教学成果的推广起到了积极推动作用。感谢同济大学建筑与城市规划学院、特别是城市规划系的各位同仁，作为毕业设计选题和硕士研究生论文课题的答辩，受到了多位老师的肯定和鼓励。

由于种种原因，这里可能并未列全应该感谢的所有对本课题调研、本项目实施和本书出版给予支持帮助的各界人士。加上从开始调研到成书，时间跨度近 3 年，人员身份的标注也许发生了变化，在此，对有所遗漏和标注不当的，作者表示诚挚的歉意！

由于认识上和工作上的不足，对于书中的不妥和错误之处，望读者不吝批评指正。

杨贵庆

同济大学建筑与城市规划学院，教授、博士生导师

2015 年 4 月 30 日